U0379109

书 · 美好生活

Book & Life

书，当然要每日读。

永续美好生活

享受四季欢愉的
料理持家术

受け継ぐ暮らし
より子式・四季
を愉しむ家しごと

さかい・よりこ
〔日〕坂井顺子 — 著
吕 凌 燕 — 译

北京时代华文书局

目录

第一章 春日生活

第二章
夏日生活

第三章
秋日生活

第四章
冬日生活

厨事心得

家事心得

专栏

每当有忧心育儿问题的年轻妈妈找我聊天，我总会告诉她们："只要让家里飘起美味食物的香气，孩子自然就会长成好孩子。"我正是怀着这样的信念，养育一双儿女长大成人。

鲣鱼干烹煮高汤的香味、炖菜时甜甜咸咸的气味、烤饼干时黄油的香气……空气中漂浮的美味气息容易给我们带来幸福感。"闻着这个味道，我好像知道我们今天要吃什么了。"现在跟我同住的孙辈偶尔会脱口而出这样可爱的话来。每当这种时候，我就感觉自己收获了幸福。想起家人津津有味吃饭的模样，就想要下厨，这大概是世上很多妈妈默契的共识。

除了食物的气息，大晴天晒过的被子会散发出"太阳的味道"，我女儿小时候特别喜欢这种气味，她总是把头埋在松软的被子里嘟囔着"好舒服～""真幸福～"，一脸陶醉地沉入午睡。我到现在也忘不了她当时那种无限满

足的神情。

在感官上留下印记的东西，会沁入我们的心田。好闻的气味、好吃的味道、令人愉悦的触摸，只要能捕捉到这些日常生活之中的幸福，孩子自然就会长成好孩子。

吃饭最大

一日三餐，一个月就是九十顿饭，一年要吃差不多一千顿。当我意识到这数字有多庞大时，立刻对食物造就身体有了深切的实感，涌起了想要好好吃饭的念头。

做一千顿饭，意味着要准备一千次，不能有条不紊地推进就难以为继。心不甘情不愿地去做，会做出心不甘情不愿的味道。不可思议的是，疲劳、生气的时候做不出好吃的饭菜。特意做顿饭，好吃才行。

怎样才能怀着轻松愉快的心情去做饭呢？……我思考着这些问题，按自己的方式下功夫。向店里的人打听，一边失败一边锲而不舍地一次次做下去，成功的次数渐渐增加了，做饭变得越来越有趣，不知何时起我喜欢上了做饭。

从一家四口一起生活的时代，到孩子们独

立我们重返二人世界，再到现在跟儿孙住在同一屋檐下，体验三代同堂的大家庭生活。尽管生活模式随着年龄在变，“吃饭最大”这种体悟一直未曾改变。光阴流转，亲手打理与家人一起享用的饭食，将耐心与爱意灌注其中，始终是我的生活重心。

努力在先

一日之计在于晨。一天之中，我最爱的是清晨时光。五点起床到九点这段时间至关重要。

早上人的精力最充沛，我会珍惜这段时间，加把劲把当天该做的事先做完。然后就能轻松自在，偶有突发状况，也不至于手忙脚乱。我本来就是倾向于高效做事的类型，上了朋友原田知津子小姐开设的家政课之后，更领会到“凡事做在前面”带来的愉悦感。

每天一早我会先敲定晚饭的菜单，并提前做好一个菜。这样，准备晚饭时就能胸有成竹，从容不迫。家里弄脏的地方很快地打扫一下，将填写文件之类的麻烦事也趁这段时间处理完毕。只要早上能顺利完成预定计划，一天中剩下的时间就能不紧不慢，安稳顺遂。没有推迟延后的事情要办，心无挂碍、心态悠然，接人待物的方式也随之而变。努力在先的每一天，便是努力之后收获幸福的每一天。

愉快做家务

二十五岁刚结婚的时候，我几乎没什么做饭的经验，别说是拆解鱼，就连清理乌贼的内脏、去虾线也让我踌躇。一开始我和丈夫都工作，下班回家的路上，我会去超市跟卖鱼的人商量："能帮我清理乌贼的内脏吗？能的话我就买。"

不久后我辞去工作，怀上了女儿，我们搬往隔壁城镇。生活环境起了变化，家附近没有超市，只有依赖每周一次开车过来的鱼贩和登门推销的菜贩。迫不得已，我只好开始自己收拾鱼。因为不能每天买菜，所以渐渐养成了习惯，菜一到手马上处理，以便长期保存。

我应该是很适合主妇这份工作的人吧。二十八岁时，我生下了女儿，三十岁时，儿子也来到了我的生命中。孩子尚小的时候，我们一起度过亲密无间的日子。那些日子宁静和煦，节奏缓慢，这样的生活常使当时的我感慨：好奢侈！我们住在神奈川县的叶山町，这里也是皇室别墅的所在地。我每天就推着婴儿车移动，不迈出这小小的海岸城镇一步。我跟在母婴教室里结识的妈妈朋友们一起去公园，也在午后跟孩子们一起躺着午睡。只要能抽时间把该做的事情做完，有余暇想做什么都可以。我希望能按自己的心意享受更多美好时光，于是谙熟要领，家务越做越利落。

孩子们升入初、高中之后，我的自由时间多了起来，有个经常一起玩的朋友让我教她做菜，我便开始尝试登门授课。这是大约二十年前的事。我家的房子很老，本来我觉得没法在自己家里开班，但不久之后，我有了学习怀石料理的机会，去老师家里一看，是跟我家类似的老房子。“在这种厨房跟和室里面也可以嘛”，我转变了想法，在自己家里办起了烹饪教室。毕竟大家来家里上课，除了厨艺之外，

我还可以展示厨房的收纳，顺便聊一些家务话题。因为这是我家生活中实际在用的厨房，能起到参考的作用，大家都觉得很有意思。

有一次在路上，我跟一位带着宝宝的年轻妈妈站着攀谈。告别时，对方说："我要去买点婴儿辅食回家。"这也用去买吗？她的想法让我大吃一惊。"自己给孩子做吧，很简单的。"我给她讲了做法。以此为契机，年轻妈妈们也开始来我家上课，大家带着小宝宝，一起度过了热闹而愉快的时光。

在我们那个年代，铝箔袋速食、微波炉、熟食店这些方便事物一概没有，凡事都得自己动手。现在的时代，物资充沛，信息发达，可能反而会令人无所适从，让下厨的门槛变高。比方说做日式高汤，食谱书里介绍的顶级高汤是料亭专业厨师的做法，用来做日常的味噌汤有点太奢侈，做起来也很麻烦。在家煮高汤，做法尽可以粗放一点。

我在教室里教的是主妇烹调的家常菜。食材是家里有的、随时能买到的东西。调味方面，我会告诉大家，一开始可以按部就班照抄菜谱，终归还是要按家人的口味来逐步调整，烧出自家的味道、妈妈的味道。我觉得，越是物资丰富的年代，只有家里才能吃到的味道越是难能可贵。另外，主妇做饭是日复一日的事情，我教给大家一些小办法，尽量让做饭稍微轻松、愉快一点，所以我给教室取名为“开心烹饪教室”。

托大家的福，教室办了近十五年。直到几年前，因为要跟女儿一家住在一起，只好将教室关停。和幼小的孙辈们共同生活，配合他们的节奏，让我再次体验到那种奢侈的时光。丈夫也从那时起在附近租了一块地来种菜。刚刚收获的新鲜蔬菜本身就很美味，每一天我都感受着季节恩物的难能可贵。

在充实我人生第二阶段的过程中，由于与某些年轻朋友的因缘际会，我在东京涩谷区的“家庭工作室”举办了以“代代传承生活教室”为主题的讲座。前来参加的是带着小宝宝的年轻妈妈们。我跟大家分享一些从长年主妇生涯实践中得出的经验，希望能帮助大家过得更加健康无忧、轻松舒适。这种缘分进一步促成了本书的出版。

我做的饭菜以及家务窍门，全部是很简单的东西。不过我会按我们的口味烹制这块土地上采收的时令食材——我珍惜贴近自然的生活。如果我的心得能给您带来启发，那将是我最大的荣幸。很期待看到大家开始尝试自己感兴趣的菜品，做出一道道美味佳肴。

第一章

春日生活

狐狸变作公子身，灯夜乐游春

春季田园

每当蜂斗菜的花茎从庭院的地面上探出头来，春天就不远了。丈夫租种的菜地里，春季的蔬菜也开始成熟。

这时节，一阵春雨一层绿。油菜花、茼蒿、芝麻菜、野生的豆瓣菜和花椒嫩叶……凝望着生机勃勃的绿叶菜，人也仿佛被注入了活力。鼓起干劲，赶在享用美味的最佳时机消逝之前辛勤采收。

根类蔬菜我们从茎的长势来判断采收时机。掘起泥土，鲜嫩多汁的洋葱和圆滚滚的土豆映入眼帘。豌豆开起了可爱的小花，不久就会挂上饱满的豆荚。听着某处树莺婉转，田园时光不觉流逝。

今天收获了嫩豌豆荚（中图）和洋葱（右图）。土豆还小，等它们再长大些。

来自大海的馈赠

丈夫在海边长大，对他来说，大海是从小就熟悉的游乐场。到现在，他也几乎每个月都约朋友出海钓鱼。竹荚鱼、无备平鲉、沙鲮、鲕鱼、鲭鱼、沙猛鱼、方头鱼、金线鱼……从初夏到晚秋，视丈夫的海钓成果而定，我家的

餐桌上时常出现相模湾的海味。因为很新鲜，一开始总是做成生鱼片，然后再盐烤、油炸、酱汁煮。托丈夫的福，我拆解鱼的本领日渐纯熟。

气候严寒的隆冬稍事暂停，从三月前后起，我们又开始在大潮的日子里去野岛公园赶海，在散步途中捡拾裙带菜、石花菜，享受春日海洋带来的小确幸。

春季的裙带菜正当时，越幼嫩就越是柔软美味。刚从海里捞起来时是茶褐色的，焯水之后会变成常见的深绿色。不马上吃的话可以冷冻起来，或者在太阳下晒干保存。靠近根部的褶皱部分是孢子叶（29 页右上图），用刀切成细丝会分泌出黏液，带着大海的味道，作下酒小菜正合适。

生的羊栖菜是红褐色的，煮后变成深绿色。平时我们吃的羊栖菜是黑色的，据说是因为用大铁锅长时间煮才变黑的。在家自己煮不会变成那种黑色，这是以前一位渔夫告诉我的。晒羊栖菜的时候容易被风吹走，颇为辛苦。

从海里捞起来的石花菜是紫红色的（28 页右上图），不能直接使用。白天晒太阳，晚上泡在水里，这样重复一周左右，耐心把颜色去掉。等紫红色蜕变成透明的肤色，干燥石花菜（漂白石花菜）就制成了。加水熬煮即成石花冻。

羊栖菜沙拉、炒裙带菜 -> P39、40

春天的饭桌

思考菜单的时候，对维生素等营养成分我并没有多加考虑。我觉得只要吃下本地采收的应季食材，自然就会符合身体的需求，营养终归不会差。

春天里，竹笋、蜂斗菜花茎、野蜂斗菜、薤白、艾草等随处可见。摘下庭院里、田间地头的野菜，蜂斗菜煮成甜咸口，薤白蘸味噌生吃，艾草掺进团子里，摆上餐桌。每种野菜都有香气和苦味，不是小孩子爱吃的味道，但我家有条规矩，“上桌的菜至少得尝一口”，所以在念小学的孙辈们也会吃上一点。女儿对野菜独特的香味一直敬谢不敏，住在一起之后吃着吃着就开始说好吃，领会到了妙处。春天享用野菜是代代相传的习俗，自然而然就能在春天的饭桌上看到它们。春季植物之中所含的苦味、涩味，据说可以清除冬季积聚在体内的有害物质。人们于是在冬去春来之际，借助植物的力量推动身体除旧布新。

每年四月，丈夫就按惯例去茨城挖竹笋。竹笋趁新鲜

• 白酱拌油豆腐 -> P199

先焯水处理之后最美味，所以就算有点辛苦，我也会一次性焯好，吃不完的部分做成煮物（以煮的方式烹调的日料，时间长短不拘）冰冻起来。进入六月，丈夫又会去长野挖千岛箬竹笋，一种形状细长的笋。这种笋的涩味较轻，但我还是会一鼓作气焯好，放进瓶子里密封保存，以便随时享用。

今天的饭桌上，我做了带有春日气息的千岛箬竹笋和裙带菜的煮物拼盘。煮物分量大时，主菜就想分量小些，做点简单的，所以搭配了盐煎鸡肉。其他小菜还有不用控水就能做的白酱拌油豆腐、只要装盘就好的绿色沙拉和常备菜豆子。早上把煮物先做好，这些菜色从备菜到上桌只要一个小时。

竹笋的煮法

收获竹笋之后，放得越久苦味就越重。一入手就马上焯水处理。

带壳的竹笋很难直接放进锅里，要先去壳。去壳煮才能足够美味。

/ 没有米糠时，可以用淘米水煮，或者在水中加入一撮生米一起煮。

材料(便于制作的分量)

竹笋 1根
米糠 1撮
红辣椒1～2根

1 在竹笋上纵向划出深约1cm刻痕，剥壳数片，以便操作。

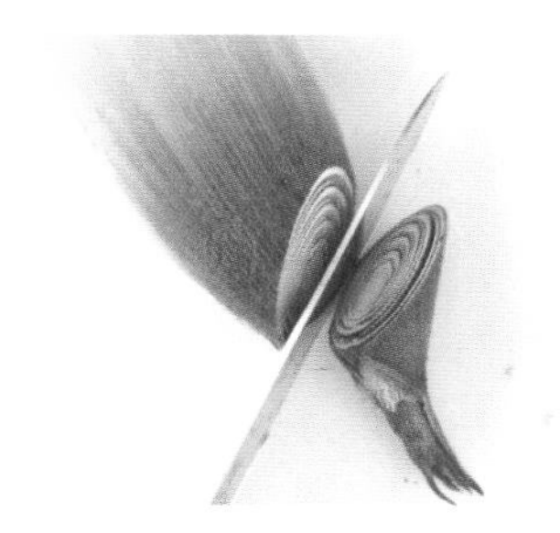

2 斜切去掉尖头。

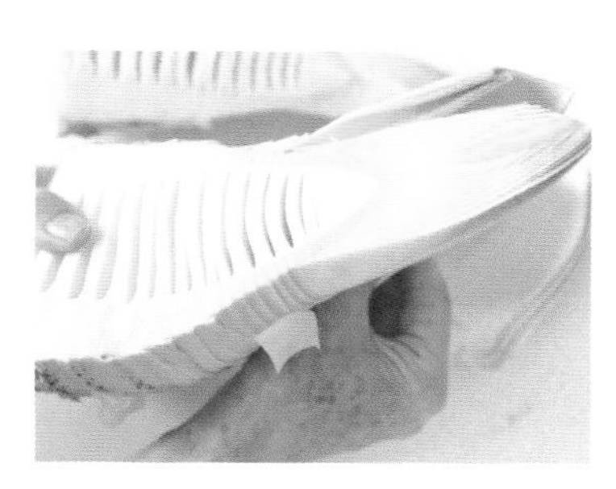

3 纵向对剖，再剥壳数片。

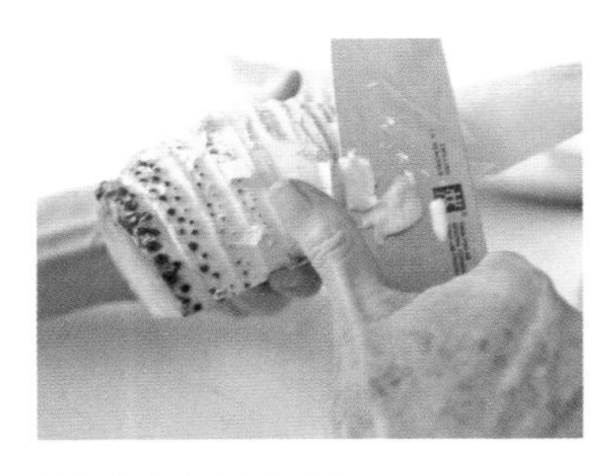

4 削掉根部的突起部分。

5 根部切去约 0.5 ～ 1cm。

6 将竹笋、米糠、红辣椒放入锅中，加入盖过笋的水量。

7 盖上锅中盖（日料中煮菜时常用比锅缘小的平板盖，抑制汤汁沸腾蒸发。锅中盖通常用木或金属制成，也可用厨房烹调纸和锡箔纸来制作替代品），煮约 1 小时（牙签可以轻松扎进根部即可）。保持原样放置一晚，去除涩味。

/ 把笋洗干净，放入装满水的容器中，每天换水，冷藏可保存约 2 周。

竹笋素牛排

酱油黄油蒜香浓郁，一道可以当主菜的竹笋佳肴。

材料（3～4人份）

水煮竹笋1根（约300～400g）
黄油30g
酱油、酒（料理清酒）2大匙略减
大蒜1瓣
胡椒、橄榄油各适量

做法

1 把竹笋的根部切成1cm厚的圆片（或半圆片），尖部按1cm的厚度纵向切片。在每片的一面上浅划出格子纹。大蒜切末。

2 在煎锅中加热橄榄油，用中火将竹笋两面煎至上色后取出。

3 在同一煎锅中加入黄油，用中火加热，加入大蒜，煎出香味后关火。加入酱油、酒并搅拌，将竹笋放回锅中蘸满酱料，撒上胡椒。

小提示

笋尖柔嫩美味，但这道菜适合用根部制作。我也推荐竹笋两吃，水煮之后，笋尖用来做煮物，根部做成素牛排。

土佐风味煮笋

鲣鱼干的风味突出，经典的好味道！
甜度可按喜好自行调整。

材料（3～4人份）

水煮竹笋1根（约300～400g）
鲣鱼干刨花约12g
砂糖、酒各2大匙
酱油3大匙、味淋1大匙
日式高汤适量

做法

1 将竹笋切成一口大小。

2 将竹笋放入锅中，倒入日式高汤盖过竹笋，加入砂糖煮2～3分钟（让竹笋有甜味）。

3 加入酒、味淋（日料用甜米酒）、酱油，盖上锅中盖，煮到汤汁收干。

4 加入鲣鱼干刨花搅拌，让味道融合。

羊栖菜沙拉

变软的生菜叶吸收了羊栖菜和培根的鲜味，非常美味。
西式口味的一道菜。

材料（3～4人份）

羊栖菜 30g
培根 4片
生菜 200g
（小的1颗）
沙拉油 1大匙

A 西式高汤块 1块
盐、胡椒各少许
（预先溶于一杯水中。

B 酱油 1大匙
味淋 1小匙

做法

1 羊栖菜用水泡发，将过长的部分切成容易入口的长短。培根切成2cm宽，生菜切成6～7cm的方形。

2 在锅中加入沙拉油、培根，用中火炒。培根出油之后加入羊栖菜，继续炒。待油分翻炒均匀之后，加入A煮约3～4分钟。

3 加入B再煮约3～4分钟。汤汁减半时加入生菜，充分搅拌，再升温煮沸一次，加盐、胡椒（菜谱分量外）调味。

炒裙带菜

炒干水汽之后，裙带菜的口感更佳。

立刻就能做好，当配菜或下酒小菜都很推荐。

材料（3～4人份）

裙带菜 100g

大葱 ½根

酱油 ½大匙

喜欢的油（麻油、橄榄油、沙拉油等）½大匙

白芝麻少许

做法

1 将裙带菜切成容易入口的大小。大葱斜切成薄片。在锅里热油，加入裙带菜中火快炒，加入大葱略炒。

2 关火，用酱油调味，撒上芝麻。

小提示

用什么油，可以从与当天其他菜色相平衡的角度来选择。

糖醋腌藠头

采用日本国产的藠头，做成自己喜欢的甜度。
虽然吃不多，若有会让人高兴的。

材料（便于制作的分量）

藠头（带泥）1kg
（净重 800 ~ 850g）

A 预腌渍用的盐水
盐 50g
水 1L

B 糖醋液
米醋 2 杯
水 1 杯
砂糖 100 ~ 150g
盐 10g
红辣椒 2 根

1 藠头用流水冲洗，一粒粒分开，用笊篱沥干水分。切除根须与茎叶。

2 剥去薄皮。

3 将A的盐水和藠头放入大碗中。扣上盘子或锅中盖压住，放置一个晚上，用笊篱沥干水分。

4 在锅中倒入B的糖醋液，煮沸后即熄火放凉。将3中的藠头塞进煮沸消毒过的储存罐中，注入糖醋液。常温放置2～3天后即可食用。

/ 冷藏可保存约1年。

小提示

用盐水预先腌渍可使藠头爽脆。除了搭配咖喱吃，还可以切成碎末用来做南蛮（葡萄牙风味）炸物或沙拉的调味汁。

味噌蜂斗菜花茎

快炒之后蘸饱甜味噌，享受蜂斗菜花茎的微苦好滋味。

材料（便于制作的分量）

蜂斗菜花茎 10～15个
味噌 蜂斗菜花茎重量的一半左右
味淋 2大匙
沙拉油 1大匙
砂糖 视喜好 适量

做法

1 将味噌和味淋事先混合，静置备用。在锅中加油。

2 清洗蜂斗菜花茎，去掉弄脏的叶子。粗粗切碎（参照下图），立刻投入锅中以中火炒。

3 油分翻炒均匀之后，加入1中的味噌和味淋，保持中火煮至浓稠，注意不要煮糊。尝尝味道，按喜好加入砂糖。

/ 蜂斗菜花茎切后不马上烹制就会发黑。

/ 冷藏可保存2周。

小提示

蜂斗菜的花茎大小有别，借助味噌的甜度来调味，味道会有差异，最后请按喜好自行调整。

伽罗蜂斗菜（伽罗是高品质的黑沉香。这道菜取其形似）

用酱油简单调味，发挥野蜂斗菜的香气。

材料（便于制作的分量）

野蜂斗菜 600g（选较细的）
薄盐酱油 250ml
酒 50ml
红辣椒 1～2根

做法

1 清洗带皮的蜂斗菜，切成3～4cm长。在滚水中煮10～15分钟，用笊篱反复冲洗。

2 在锅中加入蜂斗菜、酱油、酒，盖上锅中盖，开大火。煮沸后转小火，煮至汤汁基本收干。

/ 冷藏可保存约3周。

小提示

蜂斗菜煮后再泡水会使香气流失，所以用流水冲洗去除涩味。用薄盐酱油，能让颜色发黑而味道不过咸。不加水烹调可以保存更久。也可以按喜好添加糖、味淋等。

和孩子一起制作美味应季甜点

蜜豆水果石花冻

春天从海里捞了石花菜，我就会想做蜜豆水果凉粉。我家的蜜豆水果凉粉是加枫糖浆吃的柔和口味。低龄的孩子也可以享受装饰配料的乐趣，如果已经是小学生，就让他们试试凝固石花冻并切块的工作吧。

真好吃！

材料（约4～5人份）

石花粉4g 水（石花粉的包装袋上写的分量）

蜜豆1小罐（210g）

喜欢的水果、冰淇淋、枫糖浆适量

做法

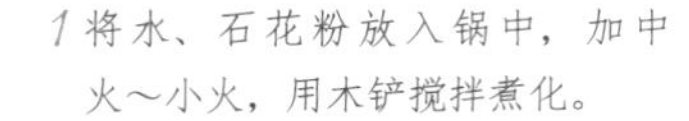

1 将水、石花粉放入锅中，加中火～小火，用木铲搅拌煮化。

2 倒入沾过水的容器中。放入冰箱冷藏。

3 石花冻切成1.5cm的方块。盛入食器中，放上水果、冰激凌，添加少许枫糖浆。

小心地、轻轻地切……

大家要公平

/这里介绍了用石花粉简单制作的方法，如果有石花菜（作为漂白石花菜出售），也可以用石花菜来做。

这天有事先凝固好的石花冻，就从切块开始操作。拿出堪比甜品店的专业态度，精心摆盘。

专栏 · 时间

生活第一的时间管理法

家务时间

辞职成为全职主妇的时候，我感到主妇的工作是取决于自己的，很容易安排。固然有不少需要配合家人的时间来做的事情，诸如迎来送往、供应餐点、照顾照应，但洗衣、打扫、整理这类家务没有“非这时间做不可”的限制。根据自家的情况和优先顺序，可以有很多处理方式，这正是家务有趣的地方。

比方说，在我家，衣服向来都是晚上洗的，购物等周末汇总再买。打扫的频率保持在能让家人心情愉快的范围内即可，炉灶之类的不用每天擦也没关系，都可通融。家务这种事是非常自由的，下多少工夫就有多少回报。

拿我来说，以“先做完必要的事，后面就能放松”的想法为原动力，养成了早上就把家务先做完的习惯。家务是每天都有的，做起来很容易让人觉得没完没了，无穷无尽。正因为如此，我觉得给自己规定“早上这个时间要做这个”，做完之后就志满意得一番“啊，神清气爽”，这样对心理健康非常有好处。

除了安排专心做家务的时间外，养成“每次顺手收拾”的习惯同样有利于“后面轻松”。例如，晾干的衣服收回来立刻就折好，餐具一撤下来马上洗好，等等。忙碌时这些事可能不由自主就想往后推，我建议大家测算一下家务所需的时间。你会发现其实不过是几分钟的事。夫妇两人的碗碟只要两分钟就能洗完，折衣服不过五分钟左右。生活中要做的事源源不断，一口气整理完花不了多长时间，积压不做只会徒增负担。我常对来我家教室的年轻人说：“最好能清楚自己做一项家务需要多长时间。”

通常的一天

我总结了一下我每天的时间安排。早上五点起床，首先洗脸更衣。丈夫不是那种会穿着睡衣散漫的人，受他影响，哪怕是短时间，我也不会穿着睡衣活动。起床之后立刻把自己收拾好，把晚上晾的衣物晒出去，这是不变的流程。

插花也趁早上。

然后是做“每天早上固定家务”的时间。基本上全程忙碌，等到跟孙辈坐下来边聊天边吃早饭的时候，我可以松一口气歇一歇，享受愉快的时光。把孙辈送走，完成当天的家务，通常就到九点了。这之后的内容每天不同，但秉持“麻烦的事情早上做完”的原则，每周约一半时间我会用来处理家事。

自己的时间

回首往昔，生育之后的几年里，我和其他主妇一样，几乎没有自己独处的时间，过着与年幼的孩子紧密相连的日子，度过了无与伦比的宝贵时光。老大上幼儿园后，我就带着老二开始跟老师学烹饪。连比萨这种当时来说还很时髦的菜品都学了，那些菜谱我到现在也仍在用。就算没有独处的时间，我也都追着当时的兴趣在跑，过得挺开心。孩子上学之后我有了空闲，傍晚之前的数小时可以跟妈妈友们一起出门去各种地方，像是“今天我们去箱根吧”这样的短暂出行。

按早上把事情先做好的方式来安排时间，这种短途旅行就不难实现。我平时会在料理早饭的时候顺便做好一样晚饭的菜。要出游的日子，为了让自己回家之后轻松方便，我会做好晚饭的准备工作再出门。难得出去玩，回家路上我也想要沉浸在快乐的余韵之中。朋友们在身边商量“晚饭怎么办”，我还在悠哉地玩味风景，不急于关闭游玩模式。

后来，我也出来工作，跟朋友两人做蕾丝小物卖，去样板房上班之类的。老大进高中之后，我开始办烹饪教室。再过不久，孩子们离家了，丈夫有段时间去外地生活，我的每一天大部分都是独处时间。那时我五十几岁，除了工作以外饭也不做了。我发现，对我来说，下厨是只为了家人才会做的事。

现在，我又跟孩子们同住，过起大家庭的生活。尽管要配合家人的时间又多了起来，尽情享受过自由的我，现在珍惜地品味大家庭生活的幸福。

日程

通常的一天

5点	起床 洗脸，更衣 把晚上洗好晾在室内的衣服拿出去晒太阳（雨天放进烘干机）	11点30分	准备午饭，吃午饭
5点20分	准备早餐 收回晒干的衣服折好 女儿女婿的早餐时间 尽量为晚饭做些准备	13点30分	休息时间，躺在沙发上看电视之类的
7点	和孙辈一起吃早饭	15点	孙辈回家 一边照看他们做作业、吃点心，一边为晚饭做准备
8点	送走孙辈 整理，擦厨房地板 清扫，擦拭洗手间 / 每天早上的家务在9点左右完成	17点	家人都到齐了，开始做晚饭
9点	这段时间做必须要办的事（处理文件等），或是制作常备菜 此外，每周1～2次，打扫平时没能打扫的地方	18点30分	晚餐时间
11点30分	事情都做完的日子里，读书、写文 有需要追加购买的东西就出门去买	19点	收拾整理 洗澡（与此同时开动洗衣机洗衣服） 顺带清洁浴室、晾衣服
		21点	自己的时间（跟朋友讲电话等）
		22点	就寝（有时会推迟到23点）

第二章

夏日生活

夏月夜，章鱼壶中幻化梦。

（上图从左至右）青椒、迷你番茄、南瓜、红辣椒结出了可爱的果实。夏季的田园郁郁葱葱。

夏季田园

梅雨一过，阳光骤然变强，田间一片绿意深深。再过一阵，黄瓜、秋葵、茄子、番茄这些成长迅速的夏季蔬菜就要纷纷结果了。据说清晨水分含量大，这时候采收的蔬菜最水灵。

在不用农药的地里，清理杂草是最费事的工作。丈夫做事一板一眼，投入了许多时间与精力照料田地，朋友戏称我家菜园为“A 型菜地”。随意一瞥，就看见南瓜正到好时。挂到地上怕被虫咬，怕会破损，丈夫特意在底下给它垫了垫子。看那圆滚滚的小模样好像正在惬意午睡中呢。

夏天的饭桌

夏天要记住一件事，凉菜要冰镇得当再上桌。比方说，生鱼片、沙拉之类的，吃之前要连盆一起放进冰箱冷藏。容易食欲不振的季节，吃饭时的气氛很重要。色彩亮丽的蔬菜能够点亮餐桌，用美观的方式装盘烘托美味也不能忘。

今天我做了梅子味噌炒青椒茄子当主菜。用梅子味噌做的炒菜是我家夏天餐桌上的必备佳肴。以梅子味噌代替甜面酱做菜，有独特的风味。副菜做了能消除夏日倦怠感的醋拌凉菜（竹荚鱼和蘘荷），搭配冬瓜虾汤和米糠腌菜。汤用太白粉勾芡，喝来顺口。夏天里我还是老习惯，早上会准备好一样晚饭的菜。除了今天做的醋拌凉菜，另外如拍黄瓜、土豆沙拉等，预制这种做好之后要放进冰箱冷藏的菜，正好一举两得。另外，处理茄子时，我不给它泡盐水，直接抹上少许盐，去除涩味。放置五分钟左右，茄子就会出水，用厨房用纸擦干再下锅。这样处理过的茄子吃油少，请大家一定试试。

• 梅子味噌炒青椒茄子 -> P200 • 梅子味噌 -> P74 • 米糠腌菜 -> P195
• 番茄干 -> P63 • 罗勒酱 -> P65

番茄、黄瓜、秋葵、西葫芦……菜地里收获的夏季蔬菜源源不断，每一餐都会出现在餐桌上。夏天的蔬菜不仅美味，而且不用削皮，咔嚓一切就能上桌，比根菜类料理起来简单，这是我很喜欢的一点。暑气蒸腾的时节，不必长时间站在厨房里，大自然似乎也在助我们一臂之力。

夏天的课题是怎样快速做饭。暑假期间，我还要为孙辈做午饭。我会用地里丰收的蔬菜制作番茄干、罗勒酱等简单的耐储存食材。冰箱里有没有预制的存货，关系到下厨的积极性。我拿它们给三明治、沙拉、意面等调味，尽量想些不用开火的菜色，怡然度夏。

番茄干开放式三明治

把当季的番茄放在太阳下晒干，让美味浓缩。

除了开放式三明治，还可用于制作许多美食。

材料（1人份）

番茄干约8～10个
长棍面包3片
帕马森干酪（粉）适量
欧芹或罗勒叶视喜好

番茄干（便于制作的分量）

迷你番茄40～50个
盐、橄榄油适量

1 制作番茄干。将迷你番茄洗净，去水，对半切开。撒上薄盐，在簸箕上摊开。放到室外阳光充足的地方，曝晒3～4天（晚上收回室内）。等番茄表层的水分蒸发，缩小一圈，就做好了。

2 放入煮沸消毒过的储存罐中，注入橄榄油，充分浸泡番茄（该状态下可保存）。

3 长棍面包切成容易入口的大小，在上面涂橄榄油，撒上帕马森干酪，放上番茄干。如有，可加欧芹或罗勒叶。

/ 番茄干冷藏可保存约1个月。

小提示

1中的番茄干没有完全晒干，保留了一些软度。做好之后，可以用来拌沙拉或者做意面等，在希望缩短烹调时间的夏天很能派上用场。

罗勒酱意式生鱼片

炎热的夏天，这样的清爽小菜最宜人。
自制的罗勒酱口味清新。

/ 罗勒酱冷藏可保存约半年。希望保存更长时间时，装入保鲜袋中冷冻成薄片状，按需取用。可以冷冻保存约 1 年。

材料（3～4人份）

鲷鱼刺身 180g
罗勒酱 1～2大匙
橄榄油约½大匙
欧芹或罗勒叶视喜好

罗勒酱（便于制作的分量）

罗勒叶约2杯多些（50～60g）
大蒜2瓣
橄榄油50ml～视需要
盐2小匙
松子或核桃或腰果视喜好1大匙

1 制作罗勒酱。罗勒叶去茎。

2 用手持式电动搅拌器搅拌所有原料，使之成糊状（橄榄油一点点酌情加入）。

3 放入煮沸消毒过的储存罐中，在上面再加入少许橄榄油（菜谱分量外），让表面不接触空气（该状态下可保存）。

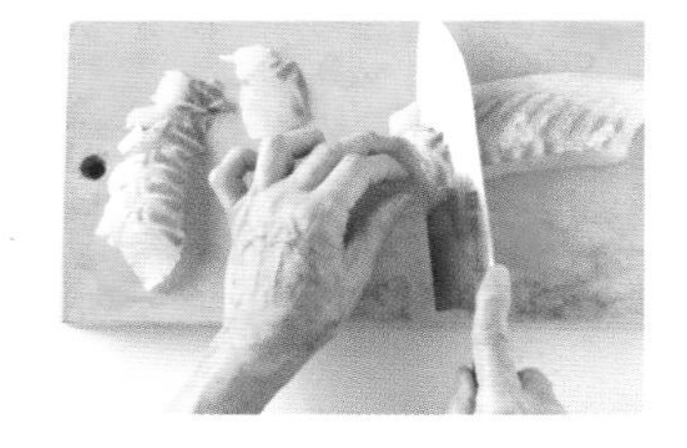

4 将鲷鱼片成薄片。罗勒酱用橄榄油（菜谱分量外）兑开，放到鲷鱼片上。如有，加欧芹或罗勒叶。

小提示

这款罗勒酱没有加奶酪，这样应用范围更广，更能持久保存。用来做意面时，可以适当补充奶酪。可以掺在调味汁里，或跟蛋黄酱混合制作土豆沙拉，或涂在鸡肉、猪肉等上烧烤。

我家的制梅记

搬来现在的住所时，院子里原本就长着一株梅树。为了不辜负它的馈赠，我开始加工梅子。

一开始，因为我只会做梅子酒，于是每年泡酒。可是我家谁也不喝，越积越多（现在家里还有那时泡的陈年梅酒）。我觉得这样有点浪费，从某一年起就开始腌梅干。正好那时流行甜梅干，我怎么都吃不惯，也让我产生了想要自己做的念头。腌梅干需要假以时日，乍一看似乎不容易，其实做法很简单。不会有大的失败，一开始就能做得像模像样，很是让人得意。我喜欢只放盐做出来的朴素酸味。试想从前的人自己在家腌梅干是理所当然的，这种味道应该最接近我从小到大吃惯的味道吧。

虽然我说梅干的做法简单，但含盐量不同味道会有很大差异。最初我从含盐20%开始做。因为是常吃的东西，从健康的角度考虑，我希望尽量减盐，就试着一点点减少。当降至接近15%也能做成功之后，我家就按这个值来做了。

每年六月，我都会关注院子里梅树果实的动态。青梅摘下来做梅子味噌或梅子糖浆。然后尽量等到梅子泛黄，再用来做梅干。全熟之后梅子会从树上掉下来摔破，所以我会提前摘下来，放到笸箩里放熟，并在水里浸泡几小时去除涩味。

每年腌的梅干味道都是差不多的，用来下饭或者当调料。同住的女婿是美国人，他是我家最爱吃梅干的，每天必吃。都说梅子以南高梅为贵，但我觉得自家院子里小小的梅子制成的产品就足够美味了。

• 梅干 -> P69　• 梅子味噌 -> P74
• 夏天的梅子饭团 -> P200

梅干

反复浸润晨露、夜露，是让梅干美味的秘诀。

材料（便于制作的分量）

梅子（成熟为黄色的）1kg

盐（梅子用）170g（梅子的17%）

红紫苏 50 ~ 100g

盐（紫苏用）10 ~ 20g（红紫苏的 20%）

烧酒（消毒用）适量

/选择酒精度在35度以上的酒作消毒用酒，放入喷水瓶中使用。白酒亦可。

/红紫苏用于上色，没有也无妨。

工具

腌渍容器（选用陶瓷、搪瓷制品，容量以2 ~ 3L为准）

锅中盖

镇石1 ~ 1.5kg（梅子的1 ~ 1.5倍）

晾梅干的笸箩

/避免使用不耐酸的铝或不锈钢制品。

/也可用百元店有售的晒衣网等来晒梅干（只是会沾上颜色）

准备、梅子的预处理（约30分钟）

1 仔细清洗腌渍容器、锅中盖、镇石，喷上烧酒消毒。

2 仔细清洗梅子，用笊篱沥水。直接晾至全干，或用厨房用纸逐颗擦干。

3 用牙签等剔除梅子蒂（注意不要划伤梅子）。

腌渍（约 10 分钟）

1 给梅子喷上烧酒消毒。

2 加入⅔的盐拌匀，移入腌渍容器中，表面覆盐。

3 依次压上锅中盖、镇石，合上盖子。

4 放置在阴凉处（2～3 天日后就会生出梅醋）。

1 处理梅子时如果有水分残留会导致发霉。此外，梅子要靠蒂部呼吸，务必带蒂清洗，干燥后再去蒂。如在腌渍途中出现发霉迹象，请用烧酒擦拭所有梅子，将梅醋煮沸，再装回消毒后的容器中，压上消毒后的镇石等。

小提示

只用盐腌制的梅干，可在常温下保存，经年不坏。3 年以上的梅干，盐分会转化为氨基酸，特别适合做菜时当盐用，可令菜肴鲜美。

加入红紫苏（7 ~ 10天后，约10分钟）

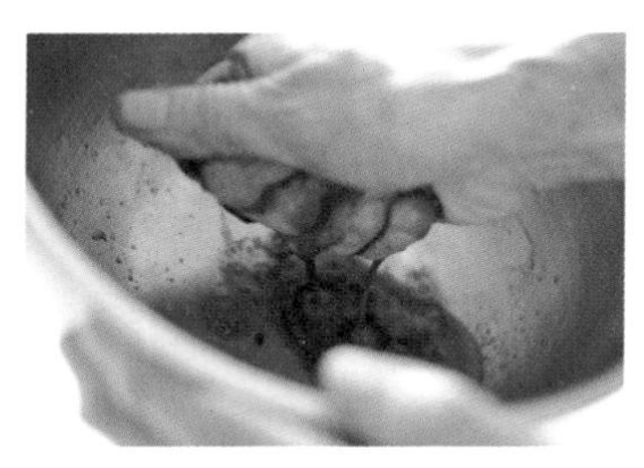

1 梅子腌下约7～10天后，呈浸泡在梅醋中的状态时进行。

2 将一半盐抹在红紫苏上揉搓，挤掉水分。再抹上剩下的盐，重复之前的操作（杀去涩味）。

3 将杀去涩味的红紫苏覆在梅子上面。

4 压上锅中盖、镇石，合上盖子，放置到阴凉处。

入伏晾晒（出梅后，3 ～ 4 天）

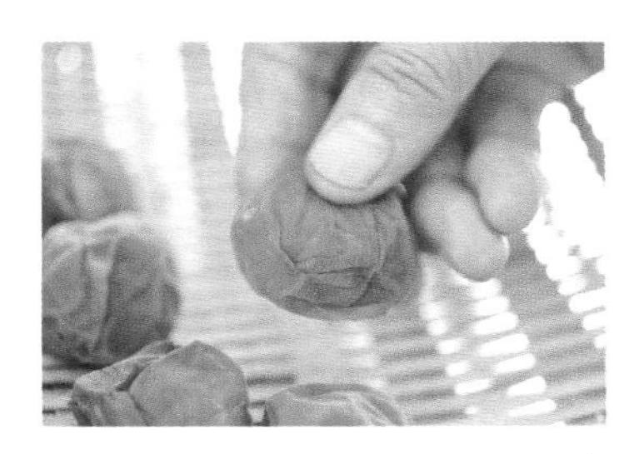

1 出梅后，选择 3 ～ 4 天连续放晴时，将梅子摊开晾在笸箩上。每天早上给梅子翻面。白天用阳光杀菌，浸润晨露、夜露三天三夜后，制成润泽的梅子。

2 趁上午梅子因晨露而湿润时，移入用烧酒消毒过的保存容器中，常温保存。

/ 梅醋可以当作普通的醋来使用，用于制作西式泡菜、醋饭等（装入煮沸消毒过的瓶中，冷藏保存）。

/ 红紫苏晒干，粉碎即得红紫苏粉。

梅子味噌

一味做菜时广泛适用的万能调料。

材料（便于制作的分量）

青梅、味噌、砂糖各 500g

做法

1 青梅洗后用厨房用纸擦干，用牙签等剔除梅子蒂（注意不要划伤梅子）。

2 将 1 的青梅、味噌、砂糖放入深锅中，加中火，用木铲搅拌防止糊锅。煮开后关小火，煮约 1 小时。煮至黏稠，用木铲捞起滴答落下即可（果核在煮的过程中会自然脱落）。

3 去除果核，装入煮沸消毒过的储存罐中。

/ 冷藏可保存约 1 年。

小提示

可用作酱黄瓜、蔬菜棒的蘸料，涂在烤茄子上面，作冷涮猪肉的调味汁，涂在鱼上烧烤，用于炒青椒茄子，制作田乐味噌烤串等等，广泛适用。

紫苏汁

酸酸甜甜的味道能消除疲劳。

加入4～5倍水，稀释成自己喜欢的味道来喝吧。

材料（便于制作的分量）

红紫苏2束（连茎约600g）

砂糖500g（视喜好增减）

柠檬汁3～4个的量

／也可用25g柠檬酸代替柠檬汁。

做法

1 将红紫苏切成能放入锅中的大小（去掉较粗的茎干，与叶片相连的细茎可用）。充分洗净，用笊篱沥干水分。

2 在锅中煮沸2L水。打到中火，一点点加入红紫苏，然后煮20～30分钟。等红紫苏的叶子变绿，用笊篱过滤。

3 将过滤后的汁水倒回锅中，加入砂糖，中火煮约5～10分钟。砂糖融化后关火，加入柠檬汁（或柠檬酸）搅拌。

4 将厨房用纸铺在笊篱中，再次过滤3。散去烫手的热度之后，装入煮沸消毒过的储存罐中放凉，放进冰箱保存。

／冷藏可保存约1个月。

和孩子一起制作美味应季甜点

酸奶巴伐利亚奶冻

夏天到底是想吃冰爽的甜点。
加入鲜奶油制成的酸奶巴伐利亚奶冻口感润滑，
是我家夏季一做再做的保留节目。
从步骤 3 开始让孩子帮忙就很简单。

准备就绪！

材料（4～5人份）

天然原味酸奶 200g
鲜奶油 200ml
牛奶 150ml
砂糖 40～50g
柠檬汁 1大匙
吉利丁粉 5g

做法

1 在小碟中加入 2 大匙水，洒入吉利丁浸泡。

2 在锅中加入牛奶、砂糖，开中火，在砂糖融化尚未煮开时停火。加入浸泡过的吉利丁，搅拌溶解，然后放凉。

3 在大碗中加入酸奶、鲜奶油、柠檬汁搅拌。加入 2，进一步搅拌均匀。

4 模具用水沾湿，倒入 3，冷藏凝固约 3 ～ 4 小时。

/ 模具容量约 700ml 正好。
/ 图中成品为 2 倍分量。

将奶液倒入模具中凝固是孩子们喜欢的步骤。这个环形模具是我珍爱的，用了约有35年。

搅拌均匀了吗？

帮忙尝尝味道

专栏 · 穿衣

终于炼就的穿衣经

便服 · 自穿自在

拉开衣柜的抽屉，里面尽是一排排看起来类似的衣服。我从年轻时起就喜欢正统的设计，总是选家里能洗的、穿着舒适的服装，自然清一色棉麻类。

常穿的是针织衫和长裙的普通组合。做家务的时候或站或坐，穿长裤会显出膝盖，我有点介意，于是在家基本都穿裙子。无论哪条都是穿了五到二十年的心爱之物。因为想把腿藏起来，所以我总穿长度相仿的长裙，不过面料的质感、颜色、剪裁等各不相同，也就不会穿厌。

长裙配宽大的衣服显得拖沓散漫，针织衫就令人身形利落。上衣是横条纹的，裙子就穿不带图案的牛仔裙。上衣是灰色的，裙子就用白色提亮一点吧。像这样，即便是一种模式，也会有自己偏爱的组合。我也会买喜欢的面料

回家自己缝制简单的裙子。

另外，我也会对衣服做些加工，让它们穿起来更舒服、更合身。比方说把绑带的款式变成用纽扣的，按体形的变化移动按扣的位置。我私下比较注意的是，穿连体塑身衣等包覆腋部的内衣，避免让腋下的肉突显出来。服装越是简单，就越要注重整体平衡和身体轮廓。

小物・搭配之乐

无论什么，我都只想持有自己喜欢的物件，认为跟别人一样的很无趣……从年轻时起，我就一直秉持这样的想法。包和配饰尤其如此。我对名牌包完全没兴趣，对那种

看起来好像塑料制品的包为何流行也感到奇怪。我觉得包、配饰、鞋子都是配合衣服穿戴的。因此我几乎从不在专卖店里买这些，倒是经常会买在器皿店里遇见的或是服装店的选品。

长久以来我都爱拿山葡萄藤制的篮子当包用。最初是去镰仓的“MOYAI 工艺”看器皿时看到的。被它细致的做工吸引，买来试用，结果发现能搭我的所有衣服，又轻便好用，于是彻底爱上。收集了好几个不同外形、大小、编法的，每个都用了超过二十年。

对配饰，我的原则是全身只佩一件。我没买过宝石，好像还是手工细致的东西比较吸引我。例如，我三十年前买的木制项链是艺术家从一块木料里雕刻出来的。到底是怎么做成这样的呢，我一直为之心动到现在。穿连衣裙只要配上这条项链就有画龙点睛的效果。木环戒指也是同一位艺术家的作品。约二十年前邂逅“乔治杰生”的银饰，被它有故事性的美丽手工吸引，渐渐收集了一些。一旦喜欢上，我就会不知不觉追购下去。

春

外出的行头

式样美丽的连衣裙是"homspun"的，
小川纯一先生带我去了他们店里，
然后我就成了粉丝。
银胸针是"乔治杰生"的。

和配饰一见钟情

最近，我在鹿儿岛遇见了手艺人“INDUBITABLY”的各位，
她们以古董材料设计制作的配饰独一无二，
让我一见倾心。

夏

在叶山的店里发现的连衣裙，
品牌是“OLDMAN’S TAILOR”。
他们的面料很吸引我，
有一阵子总买他们的衣服。
搭配我爱的木头项链。

秋

这是从自己染布做衣服的设计师那里买到的。

我喜欢它独特的设计，

不容易撞衫。

鞋子是从镰仓的店家“TAKE OFF”买的“trippen”。

这款套装也是从镰仓的“TAKE OFF”买的。
是我少有的正装，
穿了二十年。
配上自己喜欢的小物件，
就会感觉有个人风格，
穿着自在。

冬

最爱的长裙

这也是大约二十年前
从“TAKE OFF”买的。
款式实在漂亮，
我买了两条不同颜色的，
一直很爱穿。
一开始是外出才穿，后来穿旧就成了便服（笑）。

第三章

秋日生活

悠悠神代事，黯黯不曾闻。
枫染龙田川，潺潺流水深。

秋季田园

十月，众多夏季鲜蔬采收完毕，农田里终于迎来了秋天。大波斯菊开出美丽的花朵，与此同时丈夫正全心投入下一轮播种耕作。

整地，一面注意连作的问题，一面播种冬季蔬菜，收集落叶制成堆肥……这时节地里的活好像很多。不过，置身宁静的大自然之中，心神能获得滋养。拔草也好，犁地也好，种地总是一分耕耘一分收获，身体上的付出是非常值得的。

进入十一月，番薯、芋艿、生姜等开始收获。夏天硬得不能吃的豆瓣菜秋天起又变美味，为餐桌添姿增色。

番薯和芋艿正当时（左）。随着冬天的临近，萝卜正茁壮成长（中）。收获了最后一批秋葵（右）。

秋天的饭桌

秋天是出产美味大米的季节。平时我家吃掺入糙米粉的饭，但出新米的季节会很期待品尝闪闪发亮的白米饭。秋天一到，阳光变柔和，胃口也上来了，我会设想一些适合搭配米饭的菜单。提起秋天的味道，鱼店里新鲜秋刀鱼的出场不能少。简单盐烤也很美味，但今天我想给它小火慢炖至骨头酥烂（酱烧秋刀鱼），这样就能毫不浪费地享受季节的馈赠。这道菜钙质充沛，希望生长发育期的小朋友一定多吃一点。

想多吃蔬菜的时候，我经常会做凉拌炸物、猪肉味噌汤。凉拌炸物的做法是将藕、番薯、南瓜等依次直接油炸，在偏浓的冷面酱汁里浸泡一下再取出来，然后再浸泡下一批炸好的蔬菜……如此往复，流水作业。这种做法可以减少油和冷面酱汁的消耗。油注入平底锅中 1cm 左右，一次用完。做猪肉味噌汤少不了能增添风味的牛蒡。另外我一定会放家里有的根菜类、魔芋和豆腐。

• 冷面酱汁 -> P159　• 酱烧秋刀鱼 -> P97　• 糖煮栗子 -> P101

每天的菜单我按能用汤锅预先做好的菜色（煮物）+饭点用平底锅现做的菜色（煎、炸、炒）这样的组合来思考，决定起来比较有头绪，准备和安排也顺手。比方说，如果煮物是蔬菜，那么平底锅就做鱼或肉；煮物做了荤的，平底锅就烧素的吧。煮物一早就做好，还能让它充分入味更好吃，一举两得。在此基础上，再用汤菜和常备菜来平衡口味。

做常备菜不必有压力，我推荐从较少的量开始试做简单的菜品，诸如用家里剩下的蔬菜等一样食材就能做好的菜色。做起来容易，吃完也会想要再做。秋季番薯和菌菇大量上市，请参考后面的菜谱来做吧。

除了这些日常菜肴，闲时我还会制作步骤有些繁杂的糖煮栗子。一面回忆吃到嘴里那份享受，一面埋头去壳。

酱烧秋刀鱼

学会鱼的处理手法中较简单的切厚块吧。

花 3 小时小火慢炖，连骨头也能吃。

材料（4人份）

秋刀鱼 4条

生姜 30g（2～3小块）

醋、水各 250ml

A～C三选一

A 酒 250ml，酱油 150ml

B 酒 250ml，酱油 150ml

味淋 100ml

C 酒 250ml，酱油 80ml

梅子味噌 3大匙

做法

1 将秋刀鱼切成4段，截面朝上摆入厚实的锅中，撒上切成薄片的生姜，注入醋和水，开大火。仔细撇去浮沫，加上锅中盖。在汤水将滚未滚时关小火，煮至水干（约1小时）。

2 视喜好选择加入A～C中任一组合，重新盖好锅中盖，将火关得更小些，煮至汤水基本收干（约2小时），注意不要煮糊。

/ 冷藏可保存约1周。

准备（切厚块）

1 从胸鳍的根部入刀，去掉鱼头。

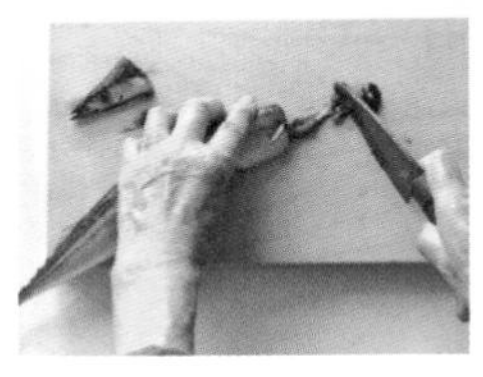

2 用刀尖从截面处掏出内脏。

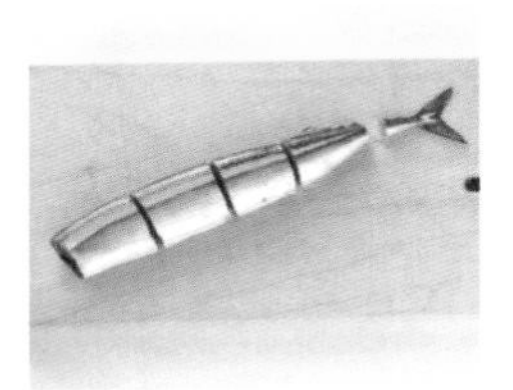

3 切掉鱼尾，剩下的鱼身切成4等分。

鲣鱼干风味煮菌菇

菌菇鲜味十足，10 分钟即可完成。
日本人钟爱的口味。

材料（便于制作的分量）

金针菇 2 包
鲜香菇、蟹味菇、舞菇各 1 包
酱油 3 大匙
味淋 2 大匙
鲣鱼干刨花约 10g

做法

1 金针菇切成 3cm 长，香菇切成 6 ～ 8 等分。舞菇、蟹味菇分成小簇（除舞菇外都去根）。

2 在锅中倒入酱油、味淋，开中火，加入菌菇，煮约 5 分钟。关火，撒入鲣鱼干刨花，让菌菇吸收汤汁。

/ 冷藏可保存约 10 天。

/ 可以混在新鲜煮好的米饭里，或跟肉、豆腐一起炒，或跟蒸蔬菜、用盐杀过的蔬菜拌在一起（加一点芝麻油更美味），是用途广泛的提鲜伴侣。

柠檬风味煮番薯

清爽的甜味，正适合做小菜。

也可以给孩子们当点心。

材料（便于制作的分量）

番薯 400g（较大的1个）
柠檬 1个
砂糖（或味淋）1～2大匙
盐 少许

做法

1 番薯充分洗净，连皮切成约1cm厚的圆片。柠檬切成约5mm厚的薄片。

2 将所有材料放入锅中，注入水至刚能浸没食材的程度，加上锅中盖，中火煮约10分钟，将番薯煮软。

/ 冷藏可保存约3～4天。

小提示

连皮煮的柠檬选国产不打蜡的比较放心。买不到的时候也可以把皮去掉。

糖煮栗子

成品美味又漂亮时格外开心。

今天在家悠哉一天……

在这样的日子里，耐心地动手制作。

材料（便于制作的分量）

栗子 1kg

砂糖 400～500g

小苏打 2 大匙

盐 少许

准备

将栗子泡在水中约 2 小时，以软化外壳。

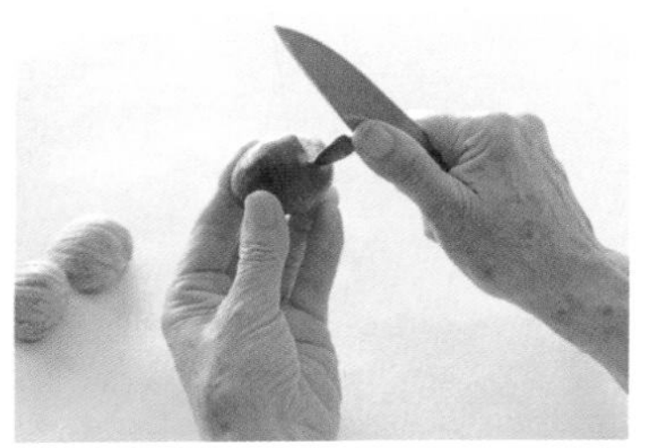

1 剥去栗子的外壳。注意不要弄破内侧的薄皮，从栗子的底部浅浅入刀，拉开外壳把它剥掉（薄皮弄破之后后面容易煮散。万一弄破了，请剥掉薄皮，用来煮栗子饭等）。

2 将栗子放入锅中，注入足量水盖过栗子，加入小苏打。打中火，边煮边撇去浮沫（约 40 分钟）。栗子用笊篱沥水，在水中漂洗至无色（需换水数次）。

3 在水中用牙签的尖头等仔细地挑去栗子薄皮上的黑色筋络。剩下的薄皮用牙签的侧面刮去。在流水下冲洗干净，沥干水分。

4 将栗子放回锅中，加入水盖过栗子，加砂糖、盐用小火煮。煮至水分刚能浸没栗子的程度，约 1 小时。

5 如此静置一晚，让栗子入味。将栗子装入煮沸消毒过的瓶子中，加入煮栗子的糖水浸泡栗子。

/ 冷藏可保存约 2 周。若砂糖增至 700g 做得更甜，则可冷藏保存 1～2 个月。

小提示

特意花时间来做，请选用新鲜的栗子，大小尽可能一致。在 1 中剥壳时如发现黑色的小洞，说明有虫咬过，请勿使用。

右边是 1 中剥去外壳，仅剩薄皮的栗子。左边是 3 中磨去薄皮，干干净净的栗子的样子。

和孩子一起制作美味的应季甜点

材料（约20个的量）
糯米粉 200g
嫩豆腐 200g

团子的酱汁
酱油、味淋、太白粉各2大匙
砂糖4大匙
水150ml
黄豆粉1大匙
砂糖1小匙

赏月团子

为了感谢上天赐予的丰收，农历八月十五按习俗要向中秋的明月供奉团子和芒草。
与孩子们共度中秋佳节是非常令人愉快的时光。
小孩子是做团子的能手，
一起来搓丸子，创造节日气氛吧。

做法

1 将糯米粉放进较大的大碗中。一点点加入豆腐，每次加入后都充分搅匀，揉至接近耳垂的软硬度。

2 切成20等份，揉成圆形，在中央压出小凹槽。

3 锅中加水煮沸后，加入2的团子。团子浮起来之后再煮约2分钟，捞出放进冰水。用笊篱沥干水分。

4 将煮酱汁的材料放进锅里，开中小火边搅边煮，煮至黏稠。黄豆粉跟砂糖混合。

/ 等到赏月供奉过的团子撤下来吃时，淋上酱汁或蘸黄豆粉即可享用。

大家好好搅拌哦

揉得滚圆滚圆！

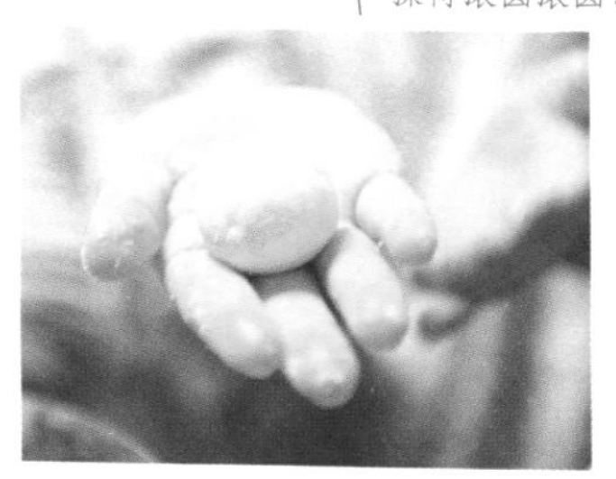

芒草是从家附近采的。团子形状不一很可爱。混入豆腐的面团容易揉捏，小朋友也可以独立操作。

专栏 · 待客

待客之方 · 永远不会错的家常菜肴

欢迎的准备一如平常

我家常有客人。为了能随时接待访客，我总是一大早就收拾好房间，在用餐方面也抱持同样的想法。希望只要时机合适，就能邀请别人留下来吃饭。绝不是说家中常备大餐，不过是将预备好自家吃的四人份晚餐匀成六人份，用冰箱里的存货再加一道菜，仅此而已。如果招呼一声“只是现成的东西，随便吃一点吧”，对方也不多客气地吃了，感觉大家就能亲近起来。

虽说我也经常事先约朋友上门吃饭，但这种时候也吃得跟平时差不太多。以前我也曾经觉得应该要做些高档菜色，但招待了很多外国朋友之后，意识逐渐转变。寿司、天妇罗之类的在外面就能吃到很美味的，大家是想尝尝日本的家常菜才来家里做客的吧。那么，我就做些平时拿手的，再增加一点肉类主菜，大致这样来准备。看到大家吃得开心，我也就安下心来，觉得就这么按自家风格来招待客人也不错。

某日的午餐会

来我家做客的人着实不少，育儿过程中结识的妈妈朋友、一起玩的朋友、丈夫的同事、孩子的朋友等等。最近还因为孙辈的关系结识了一些奶奶朋友，我也开始跟年轻人接触，交往的面越来越广。

今天来家里玩的是自然疗法师小川纯一先生和他的朋友山田里美小姐、香菜子小姐。小川是几年前经由朋友介绍认识的，朋友说“感觉你们会合得来哦”，就介绍我们认识了。后来，我去小川的工作室用餐，他又介绍朋友给我认识，为我结缘不少。山田是歌手，香菜子则是模特和插画师。大家各自活跃在不同的领域，但都是注重日常生活的人，相互登门拜访之际越聊越投机。

我为共进午餐做了烤牛肉。这是我家圣诞和新年的常规菜色，肉汁会用米粉勾芡。因为可以提前一天做好准备，这道菜既方便安排又很有分量，所以也是待客的基本款。

主菜确定之后，我再用从丈夫菜地里采来的蔬菜快速做好沙拉等。新鲜的蔬菜无须煞费苦心去烹调就很美味，能讨大家喜欢，食材本身就很加分。既然是午餐，主食不要吃得太饱，我去附近口碑不错的面包房买来了法棍。一部分面包切片涂上蜂蜜和芝麻烤。烤得恰到好处的蜂蜜与芝麻风味珠联璧合，我很推荐这种吃法。此外，我还做了南瓜和西兰花泥，让大家随意取用，轻松地变化口味。

脑海中一边浮现出大家的面容，一边思考做点什么，是非常令人愉快的时光。我衷心觉得，家人也好朋友也好，能围坐在一起吃饭真是很幸福的事情。

左后方是小川先生，前方是香菜子小姐，右后方是山田小姐。平时我多以日餐待客，今天是配合红酒设计的菜单。

第四章

冬日生活

雪的碗里，盛的是月光。

冬季田园

一年之中，田地最安静的时候是冬天。不过出乎我的意料，丈夫的菜地收获颇丰——萝卜、胡萝卜、芜菁、葱、菠菜、小松菜、水菜。这季节，能煮锅料理用的蔬菜会很受欢迎吧，在小菜地的有限空间里（约一百六十五平米）如何一年四季各有产出，丈夫说他是思考着这些安排的耕作计划。

丈夫由于一些机缘开始种菜，已经迈入了第七个年头。他说地里的问题无穷多，诸如不同田地的土壤差异、不同蔬菜对调整土壤酸度的需求等等，正因为如此，种地有趣的地方也就在于没有“这样就够了”一说。在收获的间隙中，他会翻土、用落叶改善土壤，为来年开春做好准备。

今天收获了粗壮的大萝卜，真是开心。胡萝卜也颜色漂亮，看起来很美味，期待用它来做菜。

冬天的饭桌

在我小时候，新年期间大家都是不购物也不做饭的，所有家庭都会准备好年菜。新年的头三天，每天吃着年菜和年糕度日。为了防止年糕发霉，会在瓶里装水，将年糕浸没在水中（必须每天换水），现在想起来感觉很怀旧。

自己成家之后，过年也想吃年菜，但孩子们还小的时候，总也忙不过来。于是，几个妈妈朋友想出了一起分担的办法，“我来做黑豆”“我来做醋味杂菜”等等。这样持续了几年，正是可以尝到别人家年菜味道的好机会，留了下愉快的回忆。

很快,新年的头三天还没过完就开张的店铺多了起来,但即便到现在，元旦这一天还是全家围坐吃年菜最欢天喜地,最有新年的气氛。不过,虽说叫年菜,但菜色并不出奇。不管是醋炒杂菜、苹果金团，还是筑前煮，都是我家日常在吃的。作为冬天必吃的菜，每个月总要吃上两三次。要说原因，是因为这些菜里根菜多，营养均衡，味道就算每天吃也吃不厌（以前为了长时间保存，会做得比较甜，如果只是元旦吃一天，就没这个必要）。如果是平时就常做的菜色，驾轻就熟，拿来当年菜就不会特别劳神。熟悉的食物只要装进华丽的食盒里，跟螃蟹、生鱼片、烤牛肉等豪华的菜色摆在一起，就能营造出浓浓的年味。食盒中的每盒菜品需要五六个小时来制作，装盒另需一小时左右，工程浩大。降低菜品的制作难度，在器皿和装盒方面多下一点工夫，能让准备时间变得更愉快。

回老家过年，没有机会制作年菜的各位，我也希望你们能在日常生活中用上这里介绍的菜谱。

• 苹果金团 -> P120　• 伊达卷 -> P122
• 醋炒杂菜、黑豆、筑前煮、炸藕盒、照烧鸡翅 -> P201、202、203

苹果金团

用随处可见的苹果轻松制作金团。
柠檬的酸味令甜度清爽。

材料（便于制作的分量）

番薯 400g（中等的1个）
苹果 1个
柠檬 ½个
砂糖 150g

准备

番薯去皮，切成1cm厚度的¼圆片，泡在水中。苹果去皮，竖着切成4等分，去芯，再切成¼圆片。柠檬切薄片。

1 将番薯沥干水分放入锅中，加水刚刚漫过番薯，煮到软（约15分钟）。

2 在另一只锅中加入苹果、柠檬、砂糖、水150ml，将苹果煮到软（约15分钟）。

3 将1中煮番薯的汤水倒掉，加入2中的苹果，并加入适量煮苹果的汤水到自己喜欢的软硬度。

4 压搅成厚泥。

小提示

在3中加入汤水时，要趁番薯和汤水热时，按“水分可能有点偏多”为准来添加。因为冷了之后会变硬，为了方便变冷之后的制作，留下煮苹果的汤水吧。

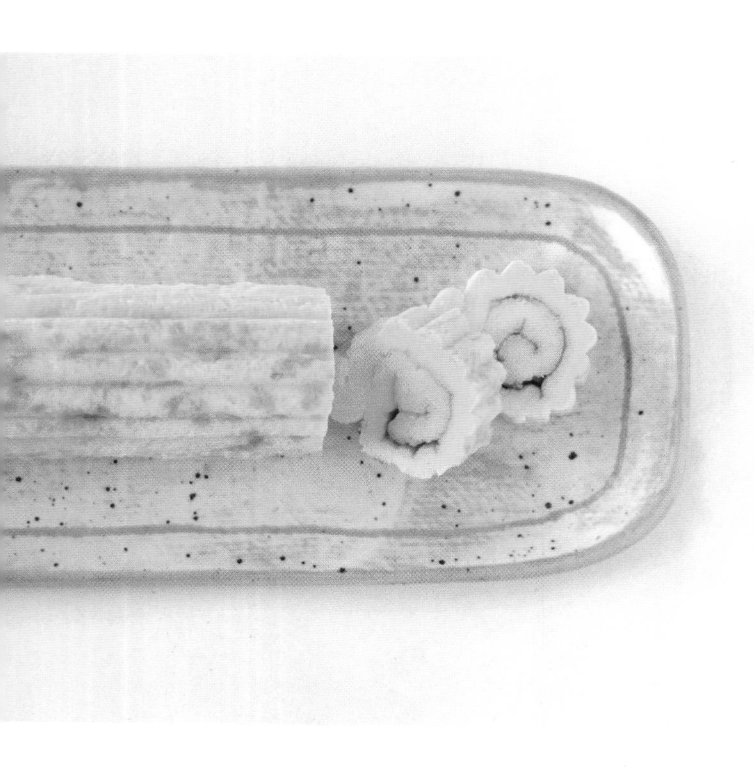

伊达卷

只要有手持式电动搅拌器就很容易制作。
蛋量充沛，全家钟爱的口味。

材料（便于制作的分量）

鸡蛋 6 个
鱼肉山药糕 100 ~ 120g
（大的约一片）
味淋 100ml
砂糖 3 大匙 盐 ¼ 小匙

准备

烤箱预热至 250℃。

/ 平底方盘用尺寸约为 315 × 223 × 高 20mm 的（蛋卷的大小能收进竹帘里即可）。

1 将所有材料放入大碗中，用手持式电动搅拌器搅打至顺滑。

2 在平底方盘中铺上烘焙用纸，倒入 1，在烤箱中烤约 15 分钟。

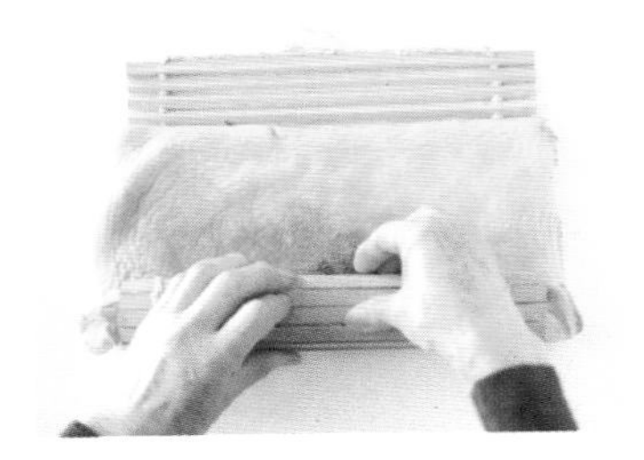

3 在网架上散去烫手的热度之后，趁还温热放到竹帘上，紧紧卷起。

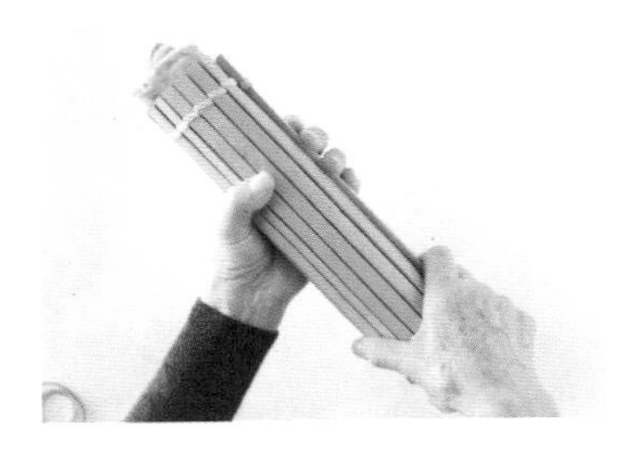

4 用橡皮筋固定竹帘，静置至完全冷却。

小提示

如果没有手持式电动搅拌器，可以用食品处理器或搅拌机。烤箱设定的温度略低时，稍微延长一点烘烤时间（若 230℃则约 18 分钟）。在 2 中烘烤时，蛋糊可能会膨胀，不要紧，烤完之后会回缩。

味噌

日语中有用“手前味噌”（自制味噌）来表示自卖自夸的短语，可见自家做的味噌味道非比寻常。

虽然步骤繁多，但只要尝过那种美味，大家就会不厌其烦地去做哦。

材料（成品约 4kg 的量）

黄豆 1kg
米曲 1kg
盐 500g
烧酒（消毒用）适量

/ 选择酒精度在 35 度以上的酒作消毒用酒，放入喷水瓶中使用。白酒亦可。

工具

煮黄豆的大锅
保存容器（选用陶瓷、搪瓷制品，容量以 5 ~ 6L 为准）
做味噌的容器（除腌菜桶、洗碗桶等外，也可以用数个大碗）
碾碎黄豆的工具（擀面棍、研磨棒等）

/ 此外，还用到厚实的封口保鲜袋、当镇石用的塑料瓶。

泡发黄豆（提前一天）

1 用手掌搓洗黄豆，换水 3～4 次。

2 在足量的水（约黄豆的 2 倍）中浸泡一晚以上(8～10 小时)。

3 注意中途不要让黄豆露出水面。

小提示

高温会加速味噌的熟成，在天气较冷时制作，成品风味更佳。
1 ~ 2 月动手最合适，7 ~ 8 月时再翻动一次就好。

煮黄豆（约 3 ～ 4 小时）

1 将泡发的黄豆和足量水放入锅中，开中火。

2 煮开后关小火，撇去浮沫，使黄豆一直保持被水覆盖的状态，煮 3 ～ 4 小时。

3 煮至黄豆可用手指轻松捏碎的状态关火，趁热用笊篱沥去汤水（煮豆的汤水留下备用）。

/ 用压力锅时，请按说明书的指导煮 30 ～ 40 分钟（一次煮不完时，分成若干次）。

碾碎黄豆，跟米曲与盐混合做味噌（约 1 小时）

1 将米曲和盐放入一个大容器中，一边用手揉搓一边充分混合，制作盐曲（可以在煮黄豆时完成）。

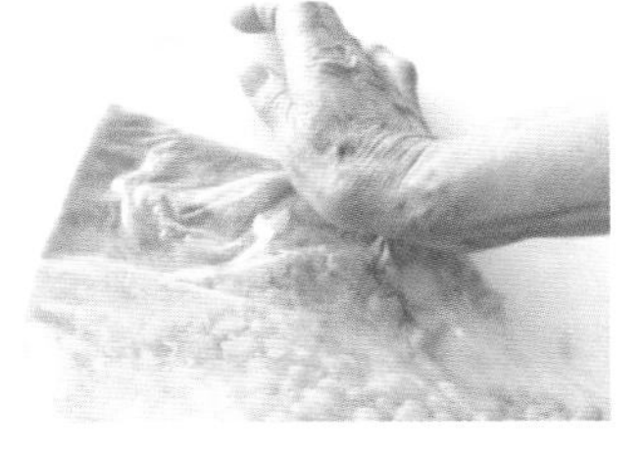

2 等煮好的黄豆散去烫手的热度之后，趁温热放入厚实的封口保鲜袋中，用手掌、擀面棍碾碎。

3 将碾碎的黄豆（温度降至体温以下）加入 1 的盐曲中，进一步充分混合，制作味噌。

4 如果太硬，就一点点加入事先留下的煮豆汤水再混合，揉至接近耳垂的软硬度。

装入容器（约30分钟）

1 在保存容器中喷烧酒消毒。

2 将混合好的味噌压成球形放入容器。用手心、手背压实，充分排出空气，压至表面平整。

3 角落的位置容易滋生霉菌，喷上烧酒。

4 蒙上保鲜膜，隔绝空气，压上当镇石用的塑料瓶（镇石的重量以味噌的10 %为准）。

翻动（5～6个月后，约10分钟）

1 打开保存容器，若味噌的表面发霉，把它去掉。

2 整体充分搅拌。

3 喷上烧酒，蒙上保鲜膜，加镇石。

/ 若在1～2月酿造下料，则6～7月在保存容器中翻搅一次，风味更佳。

半年过后就能吃了。味噌在天冷时下料，不易混入杂菌，可以慢慢熟成，所以我家都在每年2月下料，约从9月起试吃。发酵的时间短，则味噌的颜色接近黄豆色，时间长变成红褐色。请按喜好来确定熟成的程度。

和孩子一起制作美味的应季甜点

材料（便于制作的分量）

苹果（选红皮的）2个
砂糖2～3大匙
柠檬½个
肉桂粉少许

苹果酱

跟孩子一起做的，不是需要咕嘟咕嘟长时间熬煮的果酱
而是稍微煮一下就好的速成果酱。
虽然减少了糖分，不能久存。
但好处是一动念就能做成，适合反复常做。

做法

1 苹果去皮（皮留下备用）。8等分后切成2～3mm厚的薄片。

2 在厚实的锅中加入苹果、果皮、砂糖、柠檬榨出的汁水、水100ml，中火煮约20分钟，煮到自己喜欢的浓稠度（果皮可以煮烂吃掉，也可以取出来）。尝尝味道，如果觉得不够甜再加些糖。

大家可以来帮忙啦～

／轮流搅拌哦＼

／冷藏可保存1～2周。

／成品保留着苹果的颗粒感。如果喜欢细腻的口感，就用手持式电动搅拌器来打碎吧。

刚做好的淡红色果酱！

让孩子们负责照看锅里的动静。做成之后可以涂在面包上或加在酸奶上吃。留存着苹果味道的新鲜果酱孩子们也很喜欢。这次使用的苹果是叫作“秋映”的品种。加入果皮一起煮，果酱就是非常可爱的淡红色。

专栏 · 器皿

每个碗橱都是一个小宇宙

挑选器皿的乐趣

有件大约三十年之前的事：有一次我拿食盒装了甜馅馒头带去 PTA（家长教师协会）的集会。托食盒的福，馒头看起来很像高级点心。大家“好吃，好吃”地赞不绝口，气氛让我都不好意思坦白，其实只是普通的便宜馒头而已（笑）。虽说我平时就觉得“食物首先是给眼睛吃的”，但这件事还是让我深切感受到了器皿、装盘的作用。

从刚结婚的时候起，我就很爱挑选器皿。一开始家里备的是西式餐具。不过用着用着发觉，西式餐具不适合装日式餐点，日式餐具倒是跟西餐也能搭配。于是我开始去民艺品商店、器皿店之类的地方购买陶瓷器。稍微开一会儿车的范围内就有几家我常去的店，随兴所至跑去店里就能触摸各种器皿，对我来说是一种休息。器皿也一样，找

大容量的碗橱。把常用的器皿摆在外层。

到自己喜欢的东西后，我就十年、二十年经年累月地用下去。

我家吃饭是合餐制，把菜装在大盘子里分食。鱼、肉之类的主菜大多装在 28 ～ 30cm 的大盘里，副菜则以装在 21cm 左右的中型钵或盘子里为主。把菜肴摆在桌子中间，在每个人的位置上垫上木托盘，再把米饭、味噌汤和小碟子放在木托盘上。使用布制的餐垫会增加洗涤的工作量，所以我一直对托盘情有独钟。来上课的各位也好评不断，我便觉得这大概是广受欢迎的，还拿托盘当结婚贺礼来送。

之所以用大盘子盛菜，是因为它便于调整。比方说，鱼肉大多是三块装一盒卖，一家四口来吃就有点不好办。于是我把一块鱼肉再切成二至三等分，正好全部装到大盘子里让大家分享。另一方面，如“专栏・待客”中所说，临时在我家吃晚饭的客人真的不少，为了能随时应对人数变化，就养成了用大盘子盛菜的习惯。人太多时，我也会拿出公筷，但多数情况下并不使用，我喜欢大家轻松随意地围坐夹菜。

确定菜单之后，我通常会先想象一下菜做好后装在喜欢的餐盘里摆上桌的样子。要是觉得今天的菜品里面没有红色，就用红色的调羹、餐盘来补足。我会考虑整体的平衡感来选择器皿。摆盘时设法促进食欲，譬如，用白色的餐盘来突出菜肴，用蓝色营造清凉感等等。

我家的完美碗橱

自从约二十年前我的烹饪教室开张之后，家里的器皿不知不觉越来越多。因为普通的碗橱放不下大号的盘子，我一度用过书橱，但是透过玻璃橱门看到里面的东西会让我觉得心烦。而且总有学生出入，我就思索有没有办法能让房间变得更清爽。

经常在想这些的那段时间，有次我去秋谷的“Craft Gallery Marlowe”看器皿，就发现了一只古董碗橱。虽说是快速决定买下的东西，但的确能装下大量大号餐具，又沉稳结实，能镇得住，我非常喜欢。目前，我家因为改建临时借住公寓，不过一在饭厅里摆上这只碗橱，就感觉回到了我家。

心爱的器皿

装凉拌炸物和炒菜等时经常出场的盘子。31cm。在镰仓的“Hatano”买的。

这个作为瑕疵品购入的30cm大盘，装堆得高高的可乐饼和炒菜正合适。

我喜欢带嘴的钵，不经意间收集了很多。用来装副菜，18～25cm的最合用。

约20年前买到的小林悠小姐的器皿，常用它来装腌菜。约21cm。

被蓝色的魅力吸引买下的冲绳茶碗。用来盛米饭或汤。11.5cm。

最心爱的一只盘子，几乎每天用，用了15年以上。缺了口还是继续用。约28cm。

美貌的漆器请客时常用。圆形的食盒也在午餐时当便当盒用。

别人送的Noritake，30年选手。吃咖喱的时候，小的那个给小孩子用。

厨事心得

1 随手可用的蔬菜保存法

准备做饭的时候，如果完全从头开始备菜，费事的程度出人意料。洗、切、煮……只要提前稍加处理，后面就乐得轻松。比方说，只消将冰箱中待命的蔬菜和醋腌泡菜装到盘里，不用动刀就能做沙拉。用蔬菜干煮锅味噌汤，即可摄取足量膳食纤维。“中饭做三明治吧”之类的场合，夹馅也不成问题。让蔬菜保持“立即可用的状态”，短时间内就能增加品种，也能促进消耗，尽快用完。

在此我将介绍非常实用的保存方法。购物回来抓住存入冰箱之前的时机，或是做别的菜时“顺带处理”，是防止拖延的秘诀。

保鲜储存，迅速使用

储备蔬菜

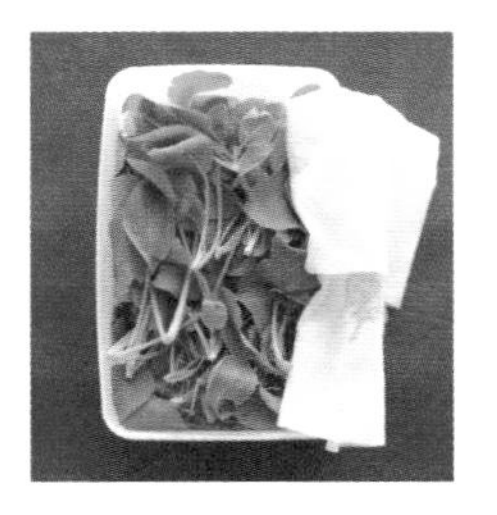

只要洗净备用，就能简化后续操作

从地里采收或者买回家之后立即清洗，存入冰箱（用刀切后切口会变成褐色，洗净拆散即可）。存放时的注意事项是，在保存容器内垫一张厨房用纸，放入菜叶，在上面再覆盖一层厨房用纸，盖上盖子。这样可以防止盖上的水滴落到菜叶上。保存时以厨房用纸吸收水分，蔬菜能长时间保持爽脆。

想一点点慢慢用，以经久的方式保存

大蒜打成泥保存，可用于多种菜色。和橄榄油一起放入食品处理器打碎，装瓶放入冰箱中可保存一个月。没有食品处理器时，也可以切碎浸泡在橄榄油中。葱切圆片，擦除水分，冷冻保存，或者洗后切段，放进百元店买的细长容器里冷藏保存。

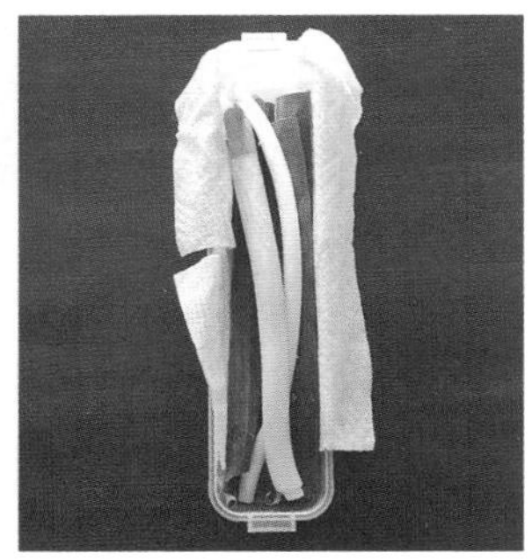

麻烦的根类蔬菜，事先煮好绝对更省事

芋艿洗去泥土，连皮煮至按外侧能轻微压扁的程度，冷却后一下就能把皮剥掉。切成一口大小冷冻，用于煮味噌汤等。牛蒡斜削或斜切成薄片焯水，摊在平底方盘中冷冻后再移入保鲜袋中。南瓜、胡萝卜先打成泥再冷冻，用来煮汤或做蘸料。

＼ 常备沙拉素材 ／

黄瓜加盐揉搓，胡萝卜用醋和油腌渍

拿到大量黄瓜、胡萝卜时，处理成随时可用的状态加以保存。黄瓜片用盐揉搓、胡萝卜丝用醋和油腌渍（法式胡萝卜沙拉）后，做沙拉和三明治用起来很方便。

无须预煮，
制作便捷

醋腌泡菜

/图中为菜谱的2倍分量。

可当配菜、小食
还能给餐桌增添色彩

趁蔬菜新鲜时制作，当成沙拉来吃。特别是醋腌洋葱，据说有令血流通畅的功效，我家冰箱常备，每天必不可少。切碎再腌，则可方便地用在金枪鱼或鸡蛋三明治、土豆沙拉、塔塔酱等之中。泡菜水我会用作调味汁。

材料（便于制作的分量）

喜欢的蔬菜能浸泡在泡菜水之中的分量

/黄瓜、胡萝卜、西芹、甜椒、花菜、芜菁、蘘荷、嫩姜等可以生着直接腌渍。

泡菜水

醋100ml 水400ml

砂糖2大匙

香叶1片

胡椒粒1小匙

红辣椒1～2根

/醋、水、砂糖的比例可按喜好变化。

/也可加入少许咖喱粉，调剂口味。

做法

1 蔬菜按喜好切成大体相同的大小。

2 将泡菜水的材料全部放入厚实的锅中煮沸。

3 关火后加入1中的蔬菜，盖上盖子，静置放凉。移入储存罐中，放入冰箱冷藏（上图）。第二天起即可食用。

/冷藏可保存10日～2周。

＼洋葱也用醋腌／

在储存罐中注入高度约5cm醋，加入蜜蜂和视喜好选择的香料搅拌，满满地塞入切成薄片的洋葱腌渍。洋葱切薄片后放置10分钟左右辣味会褪去（请不要冲水，以免营养流失）。

便于保存，

美味度也提升

蔬菜干

材料（各适量即可）

菌菇：蟹味菇、金针菇、舞菇、鲜香菇等

根菜：胡萝卜、萝卜、藕、牛蒡、生姜等

／可视喜欢或按家中库存选用。

只要大量放进煮物、汤菜里面 风味自然浓郁

天气晴朗空气干爽的秋冬季节最适合制作蔬菜干。晒太阳的过程中蔬菜的味道会变浓，营养价值也会变高吧。蔬菜干可以用来煮味噌汤或做金平风味炒菜（将切成细长条的食材用麻油炒，加味淋／酒／砂糖／酱油等调味），无须动刀，非常省事。我也推荐将蒸过的姜片晒干，加热水泡成姜茶。

做法

1 菌菇去掉根部，细细拆散（香菇切成薄片）。

2 胡萝卜、萝卜切丝（或者切成四分之一圆薄片），藕切成四分之一圆薄片，牛蒡斜削成薄片，生姜切薄片。

3 在笸箩里摊开，放在有阳光的地方曝晒。晚上移入家中，经2～3天充分干燥（图Ⓐ）。

/ 材料尽量切薄，以便晒干，或者切成容易烹调的形状。

/ 如果好像还有湿气残留，可以放入微波炉中短时间加热干燥，请随时留意状态。

Ⓐ

装入瓶中常温保存

充分干燥后可以有效保存数月～半年。同时干燥胡萝卜、牛蒡、藕、香菇等常用蔬菜，装入一个瓶中，制成混合蔬菜干，做菜饭或煮物等非常好用。

2 关爱身体健康，研习自制食品

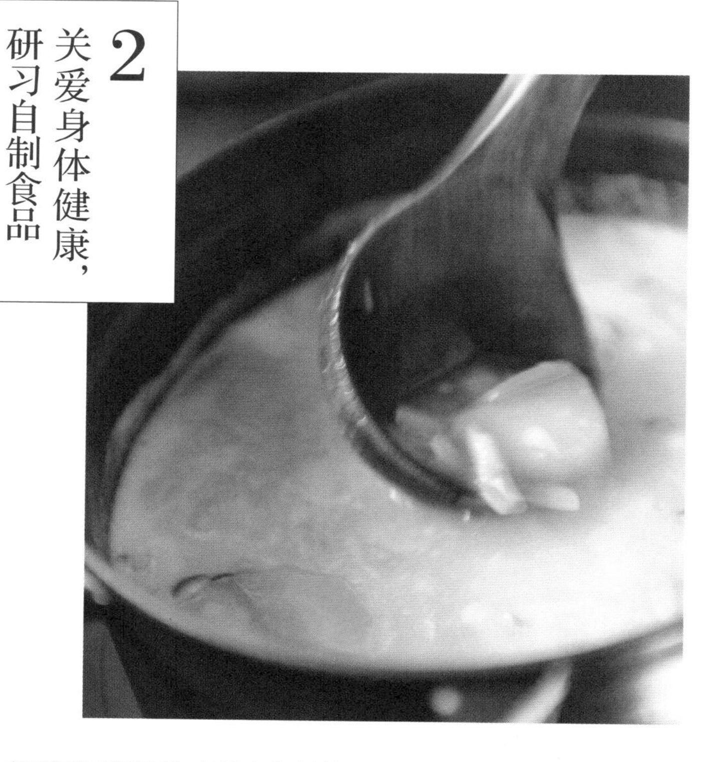

方便的现成调味料、速冻食品在繁忙时很得力，我也时常会用。不过市售品中含有添加剂，油、盐含量偏高，吃得多了可能无意之中就会摄入过量，我想尽量避免。在商品的包装袋上按含量从多到少依次标注着成分，购买时我会认真关注，选择成分简单的产品。

另一方面，只要发现容易自制的食品，我就会积极尝试。比方说只要有黄油面团，没有面糊（Roux，在加热后的油脂中加入面粉制成的增稠面糊。）也能制作美味咖喱。全部自制会很辛苦，不必勉强。比方说，某道菜从头到尾自制看看，或者休息日尝试手工制作，一点点扩大自制食品的版图。这样就会感觉自己掌握了厨艺，有成就感。

冷冻米饭制成的烤饭团

材料

米饭、酱油各适量

有备无患
点心、午饭时间的好帮手

冷冻米饭的方法有很多，做成小饭团冻起来我觉得后续使用特别方便。可以用微波炉加热来吃，用烤鱼机做成烤饭团尤其美味，家里午饭常吃。最近我在白米中混入糙米粉来煮饭。营养价值更高了，饭团烤后香喷喷的很讨人喜欢。

做法

1 制作小饭团。在平底方盘中保持间距摊开，放入冷冻室冷冻（上图）。

2 食用时，烤鱼机打小火，两面耐心烤 15 分钟左右（图Ⓐ）。

3 中途取出蘸上酱油，两面再烤约 1 分钟（注意不要烤焦）（图Ⓑ）。

/ 也可用小烤箱。

\ 收入袋中 /

冷冻时保持间距摊在平底盘中，冻好后移入封口保鲜袋中。这样比用保鲜膜逐个包裹饭团更简单。

Ⓐ

Ⓑ

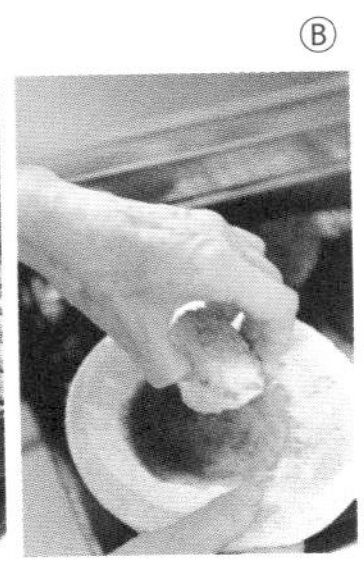

酸奶油一般的味道

滤水酸奶

材料

天然原味酸奶 450g（1盒）

盐一撮

用来稀释蛋黄酱，吃得更健康
还可用作甜点、蘸料

酸奶只需滤掉水分，酸味就会变柔和，口感顺滑。味道近似酸奶油，而且滤水的时间越长越像奶油奶酪。用它来稀释蛋黄酱可以削减热量和盐分，拌起沙拉、做起三明治更放心。可以放在水果上面当甜点吃，也可以跟金枪鱼混合用作蘸料。

做法

1 将盐加入酸奶中，搅拌均匀。

2 将笊篱放在比它略小的碗上，铺上有厚度的厨房用纸或布巾，倒入酸奶（图Ⓐ）。

3 盖上较轻的镇石，在冰箱中放置约3～6小时，过滤水分。

/ 冷藏可保存4～5天。

Ⓐ

\ 乳清也不丢弃 /

碗中留下的乳清富含蛋白质、矿物质、维生素等营养成分，有益健康，我不会浪费。我会加在汤品、果汁里面，增添一点酸味。

让增稠变简单！

黄油面团

材料（便于制作的分量）

黄油、面粉（或大米粉）等量

/一盒黄油若是200g，则面粉也取200g（约1杯）。

烧咖喱、西式炖菜时也可用作面糊

黄油面团可谓是西餐中的“增稠剂”。只要有它，无须购买油腻的面糊就能烹制咖喱、西式炖菜。要做白酱也很容易，只需用牛奶兑开。我家总是一次做出用完一盒黄油的量。可以尝试用大米粉替代面粉，口感更清爽。

做法

1 将黄油装入保鲜袋中，让它恢复常温。

2 加入面粉，隔着袋子反复揉搓。让两者充分糅合，不结块（图Ⓐ）。

3 用长筷子等隔着袋子整形，使面团厚约 1cm，放入冷冻库中冷冻（图Ⓑ）。

4 切成方便使用的大小（以满一大匙的分量为准），装入容器中放在冷冻库里保存（图Ⓒ）。

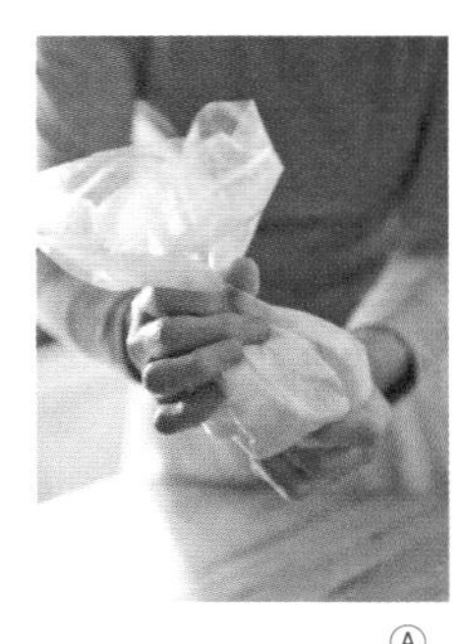

Ⓐ

●用黄油面团做咖喱 -> P200

Ⓑ

Ⓒ

煮汤时的用法

给汤增稠时，先用部分汤汁溶解黄油面团，再一点点加入汤中，能迅速彻底地化开。

3 打造自家风味

吃上一口就身心舒泰，我觉得拥有这种能抚慰身心的自家风味是非常幸福的事。拿我的家人来说，每当连续外食或者旅行归来，他们总会美美地喝着味噌汤、吃着煮物赞叹道："果然还是这个最棒。"日式高汤、味噌、酱油，用基本的调味烹煮简单的菜肴，如此再三重复，似乎就能神奇地幻化出各种菜色的自家口味。

不管什么菜品，一开始对着菜谱亦步亦趋，然后根据家人的口味加以调整，我觉得这个过程相当有趣。家常菜不必每次都做成同样的味道，不如说变化或许正是让人百吃不厌的秘诀。家里有什么就用什么，于是可以一边吃一边聊，今天加的食材跟平常不同，或是蔬菜放多了味道偏甜之类的，这样闲聊着吃饭也很幸福。

家常日式高汤

材料（约700ml的分量）

海带1片（8～10cm）
鲣鱼干刨花12～15g
／请使用高汤专用的海带、鲣鱼干刨花。

头汤、二汤……
这些复杂的东西不去理会也没关系

这里介绍适合家庭操作的简易高汤制作法。不必中途取出海带、加入鲣鱼干，没有细节调整，一边烧别的菜一边顺便做吧。据说海带的谷氨酸和鲣鱼干的肌苷酸相遇，发生综合效应，才使得高汤鲜美倍增。美味的高汤是味觉的盛宴。

做法

1 在锅中加入 800ml 水、海带、鲣鱼干刨花（若有时间就静置一阵）。

2 用偏弱的中火烧煮，将沸未沸时转小火再煮约 5 分钟，关火（请注意，煮沸会使海带散发苦味）（图Ⓐ）。

3 待鲣鱼干刨花沉底之后，在笊篱中铺上厨房用纸过滤（也可以轻轻挤压一下）（图Ⓑ）。

/ 用不完可以在冰箱中保存 2 ～ 3 天。

Ⓐ

Ⓑ

＼ 鲣鱼干刨花 ／

来称一下自己抓一把鲣鱼干刨花有多重吧。比方说，这样抓大概有 15g 呢，找到感觉之后就不用每次称重了。

可用于各色菜肴的调味

冷面酱汁

材料（约500ml的分量）

酱油、味淋 各1杯

酒½杯

海带 1片（8～10cm）

鲣鱼干刨花 20g

／请使用高汤专用的海带、鲣鱼干刨花。

静置一晚上，就能充分释放鲜味

做冷面酱汁的人似乎不多，用这个做法就很简单。只需浸泡食材、开火、过滤三个步骤，成品的风味就惊人浓郁。我推荐使用本味淋，而不是味淋风调味料（本味淋是真正的酿造味淋，味淋风调味料是人工合成的低酒精度代用品）。这个菜谱中没有加砂糖，用来制作煮物等时，请视喜好自行添加。

做法

1 将所有材料放入锅中，静置一晚。

2 用偏弱的中火烧煮，将沸未沸时转小火再煮约5分钟，关火（请注意，煮沸会使海带散发苦味）。

3 关火放凉，在笊篱中铺上厨房用纸过滤。最后将水分充分挤干。

/ 冷藏可保存约1个月。

冰箱里的库存

跟之前介绍的家常高汤一起保存在冰箱中。和食中的许多菜品只要有日式高汤就很容易制作，冰箱里库存不断，就能壮大煮物、凉拌菜、高汤煎蛋卷等自家味道的菜单。

利用汤渣制作

拌饭香松

材料（便于制作的分量）

汤渣鲣鱼干刨花　煮一次的分量

海苔、小白鱼干、芝麻视喜好　适量

／若是家常高汤的汤渣，做法⌐中在鲣鱼干刨花去水之后，撒上⌐大匙酱油调味（用冷面酱汁的汤渣制作时则不需要）。

汤渣不要扔，加工一下就变成美味的米饭伴侣

将变成汤渣的鲣鱼干刨花用微波炉热烘至干透，打散之后即成拌饭香松（保存时间约 2 周）。我家的微波炉是 200W 的，如果觉得微波炉不便把控，可以用平底锅烘干。保留一点湿度也很美味，但不利于保存，必须在 3 ～ 4 天内尽快吃完。

做法（用平底锅等锅）

1 鲣鱼干刨花充分去水。

2 用平底锅烘炒，散去水汽。为防炒焦，用中小火并随时留意，烘干到自己喜欢的程度。

3 打散弄碎之后，视喜好掺入海苔、小白鱼干、芝麻等。

做法（用微波炉）

1 鲣鱼干刨花充分去水，打散并平摊在耐热器皿上（图Ⓐ）。

2 用200W的微波炉加热烘干。先加热8～10分钟，打散并上下翻动，再加热8～10分钟（图Ⓑ）。

/ 使用600W的微波炉时，先加热约2分钟，上下翻动后再加热约2分钟。

3 用手指捏成细小碎屑即可。如果觉得烘得还不够干，以30秒～1分钟为单位追加时间，并随时留意状态（请注意，一旦加热过度就会变焦）。

4 视喜好掺入海苔、小白鱼干、芝麻等（图Ⓒ）。

Ⓐ

Ⓑ

Ⓒ

4 亲手制作节庆餐点

节庆餐点是年复一年不断重复做的，内容与平时的饭菜不同，但一样最好能有自家的味道。红豆饭是庆祝的象征，往桌上一摆，家人就会感觉在过节。我希望能够快速做出红豆饭，于是参考粽子的做法，想出了当天就能做成的方子。调味也按自家口味。

从孩子们小时候起，我就会烤蛋糕给他们庆祝生日，这在我家已经成了传统。我家的蛋糕口味单纯，蛋量充沛的海绵蛋糕抹上新鲜打发的鲜奶油做装饰。做海绵蛋糕有些地方必须掌握技巧，所以特别需要静心制作。每年动手做几次，感受孩子以及孙辈的成长带来的喜悦，于我而言是特别的幸福时分。

红豆饭

材料（4～5人）

糯米 3杯
赤豆（干燥）⅓杯
盐 1小匙
芝麻 少许

略带咸味
孩子也会爱吃

喜庆的日子里我家的餐桌上少不了红豆饭。不必提前一天准备，只消1.5小时就能蒸出糯糯的红豆饭。要点是在做法3中让糯米吸收煮豆汤汁。与最后撒盐的做法比起来，米饭本身略带咸味，不爱红豆饭的人也给出好评。

做法

1 糯米洗净用笊篱沥水，放置10分钟以上。

2 清洗后的赤豆入锅，多加些水用大火烧开。转小火，煮至8分熟，将赤豆和煮豆汤汁分开。

3 在较大的平底锅中加入煮豆汤汁240ml（不够则加水）、盐，用大火烧开。加入糯米，保持大火，用汤勺搅动约1分钟，让糯米吸收水分。关火，加入赤豆，搅拌均匀（图Ⓐ）。

4 给蒸笼铺上绞得很干的布巾，放入3，开中火（图Ⓑ）。

5 冒出蒸汽后蒸约20～30分钟。

6 装入器皿中，撒上芝麻。

/ 所谓8分熟，是指尝了之后感觉“稍微有点硬”这样的程度。视赤豆的新老，需要煮的时间长短不同，约以20～40分钟为基准，看情况来煮。

Ⓐ

Ⓑ

亲手制作独一份的美味

生日蛋糕

就算做得不够好
也有自家蛋糕的可爱之处

这是总共耗时约一个半小时做好的一款蛋糕。海绵蛋糕稍微放一放，质地比刚出炉更稳定，而且生日当天还需要准备菜肴，所以蛋糕提前一天烤好，当天再做装饰比较稳妥（我一直都这么做）。即便一开始不成功，只要反复尝试就能逐渐掌握窍门。

材料（18cm）

海绵蛋糕

鸡蛋　中等、偏小的4个，或者偏大的3个

低筋粉、砂糖　各90g

黄油　30g　牛奶　30ml

装饰

鲜奶油（脂肪含量38%以上）　1～2盒

砂糖　每1盒鲜奶油1～2大匙

喜欢的水果　适量

/鲜奶油1盒是200ml。若用1盒，成品奶油偏少，2盒则会略有多余。

/图例中采用的水果是草莓一盒及罐头桃子一罐。

◎准备工作

/ 鸡蛋从冰箱中取出，恢复常温（冷的不容易打发）。

/ 低筋粉从高处过筛3次（为了让粉中含有空气，更加松软细腻）（图Ⓐ）。

/ 在模具上涂抹黄油并拍上低筋粉（均为菜谱分量外）（图Ⓑ）。

/ 在较大的锅或碗中备好约45℃的热水（用于隔水加热）。

/ 将黄油和牛奶放入小容器中，隔水融化。

/ 烤箱180℃预热。

Ⓐ

Ⓑ

◎ 制作海绵蛋糕

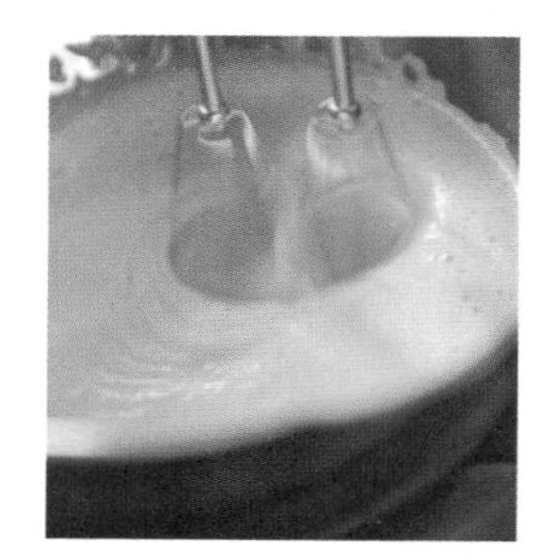

Ⓒ

1 将鸡蛋、砂糖放入大碗中，用电动打蛋器打散，再隔水加热打发至黏稠。打发到波纹纹路清晰，挑起到高处落下的蛋糊能在碗中蛋糊表面留存片刻的程度，需要耐心搅打10分钟以上（图Ⓒ）。

2 停止隔水加热，分两次加入低筋粉，每次加入后都用刮刀切拌（图Ⓓ）。

3 取1～2大匙2的面糊加入事先准好的黄油和牛奶的容器中，搅拌均匀（图Ⓔ）。

4 在2的大碗中加入3，切拌后倒入模具。提起约10cm的高度，撞击桌面震去气泡（图Ⓕ）。

5 放入烤箱中，180℃烤约20分钟（插入竹签，不会带出面糊即可）。

6 烤完后立刻脱模，在网架上放凉。

/ 烘烤的时间视烤箱略有差异。

Ⓓ

Ⓔ

Ⓕ

◎ 装饰

1 切水果。夹在蛋糕中间的水果切成薄片，放在上面的按喜好切成适当的大小。

2 打发鲜奶油。一边在冰水里冷却，一边打发至八分。

3 将海绵蛋糕切成上下两半，在中间涂上奶油，装饰水果，盖上蛋糕（图Ⓖ~Ⓘ）。

4 装饰奶油、水果，完成（图Ⓙ）。

家事心得

1 晚上『洗衣』早上收

我有点介意让人看到白天晾着衣服的情景。这也是因为我家出入的客人多，虽说是家门口，但晒上衣服一下就会让人感觉琐碎起来。所以我就决定洗好的衣服要晚上晾干，早上收起来。

晚上泡澡的时候开动洗衣机，泡完澡后把衣服晾在室内，每天都是这样的流程，也是我一天之中最后的家务。有时候人累了，也会嫌麻烦，这时候我会想“能做这件事也是种幸福，要是家里有人生病之类的事情发生，就不一定能做了呢”，通过转换想法来调节心情，一天中最后的家务也顺利做完了。

早晨起床之后，我会把晾在房间里的衣服拿出去，晒一小时左右太阳，充分晾干之后再收回来。阴雨天我也不会长时间任衣服晾在室内，借助烘干机来完成这一步。

早上七点叠好衣服收进抽屉

收进来的衣服，马上叠好放入抽屉。衣服大致在六点半左右收进屋，七点前收拾好，房间里就清清爽爽。早上这样安排能为一天带来好心情，就算临时有客人来访也不用慌张。

我很喜欢折衣服。在孙辈起床前安静的屋子里，用手抚平褶皱，对齐边角，将衣服折得整整齐齐。

尽量在七点前把所有衣服收进抽屉里。我按抽屉的高度来折叠，并一目了然地竖着收纳。

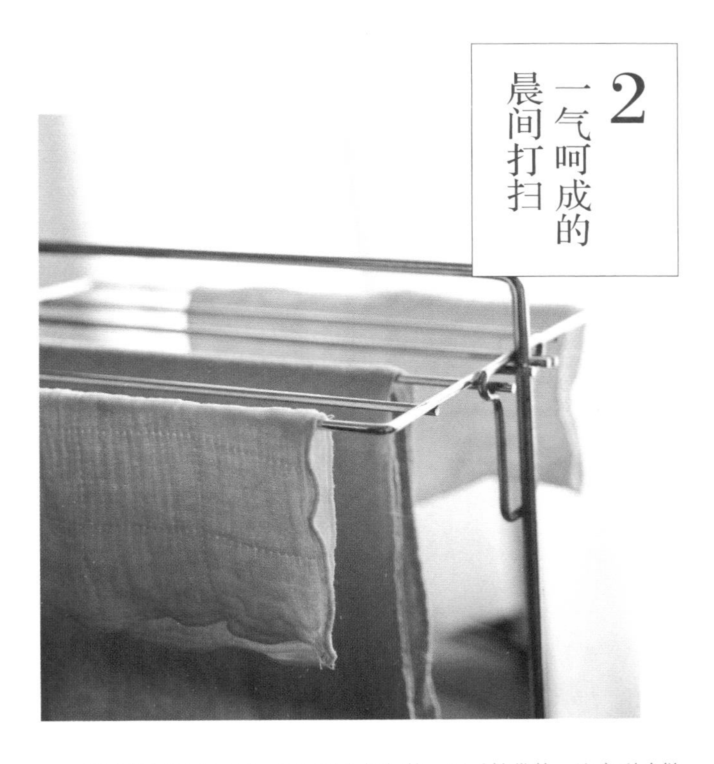

2 一气呵成的晨间打扫

我家的打扫分三类：每天早上例行的；顺手捎带的；注意到才做的。每天早上必做的是扫地和擦马桶，走一个流程来完成。厨房、浴室、洗脸池这些用水的地方，趁操作间隙或自己用后擦洗比较省事。对这些容易脏的地方，我每天会时常留心。

此外，窗户、炉灶、冰箱、架子的擦拭清洁等，在进入“今天要彻底打扫一下”这种状态时再做，大概每周一到两次吧。不可思议的是，就算每天过着一样的日子，有时会对家里脏的地方敏感，有时却不会。比方说“哎呀，这么脏啊”，留意到架子上积了灰，心想其他地方大概也脏了吧，这时候就全部一起擦一下。

从玄关、经走廊到客厅一趟扫完，再从落地窗扫出去。院子、玄关附近等屋外的打扫由丈夫负责。

如果每天打扫，就只需要十分钟

大门、客厅以及厕所这些家人用得最多的地方，一口气按流程打扫。每天养成习惯，身体不假思索地行动，脏污不会积累，就花不了多长时间。扫地还是用扫帚比较轻快，没有插拔电线的麻烦。

用喷在纸上那类清洁剂来擦马桶比较方便。既然是每天必做的家务，就选轻松一点的方式吧。我想尽量让环境舒适些，于是会不断点缀院子里的花草。

3 『整理』从物归原处开始

不管多小的东西也要为它指定收纳处，这是整理的基础和起点。只要指定好归置处，用完之后复位，重复简单的操作就能让房间整齐，整理的任务也不会积压。

我总是基于方便使用、视觉上美观这两点来决定物件如何归置。

同类物品放在一起，其中常用的摆在容易拿到的外层，不常用的放里层。塞得太满会很难取，摆放时尽量留有余地。特别是厨房这种工作场所，我会考虑接下来的使用情况，哪怕存放时麻烦一点，也要让取用时舒心。

同类物品放一处这一点，我在食材方面尤其注意。为了避免买过忘记又重买的情况发生，特地按一望即知的方式来存放。

厨房①

按“用时轻松”的原则收纳

厨房是主妇工作的地方。我会思考使用方便的收纳方式，以便更高效地工作。就算花点工夫，也要整齐美观地摆放好，让人用起来心情愉快。

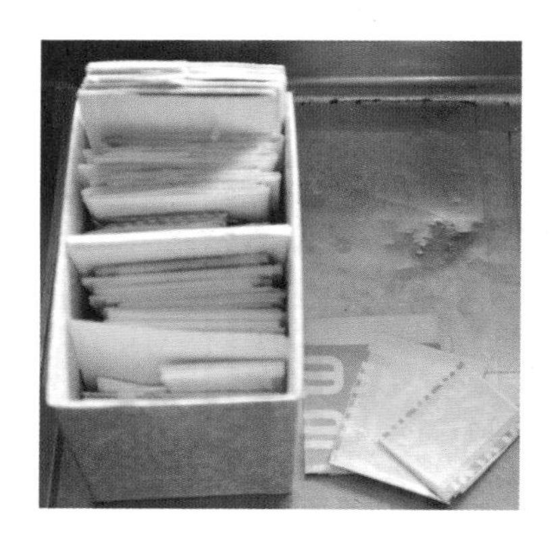

超市袋

超市的袋子可能不少人是打结收纳的，其实折叠起来体积更小，不占地方。按尺寸分成大、中、小三类，有需要时就能立即选用。

橡皮筋

用来扎面包袋、点心袋的金属扎带有备无患，我都不扔掉，回收再利用（卷成小团存取比较方便）。跟橡皮筋一起装在点心盒的内衬里，收入水槽边的抽屉。想用哪个一下就能拿到。

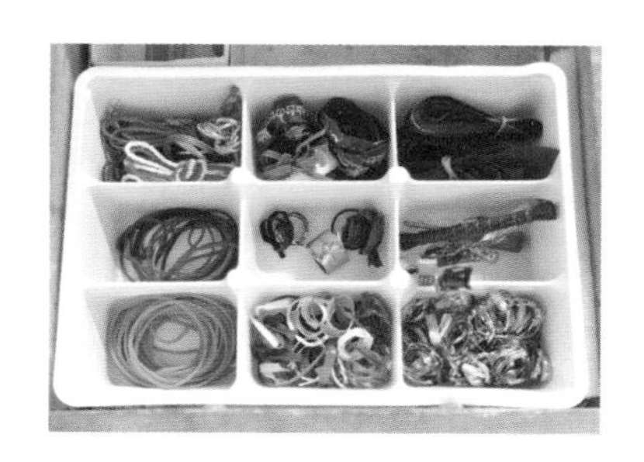

油类

做菜时频繁取用的油及调味料移入瓶中看起来比较统一，集中放在马上可用的位置上。为省去开合瓶盖的麻烦，给瓶子配了调制鸡尾酒用的瓶嘴（在美国的超市里成批买的）。

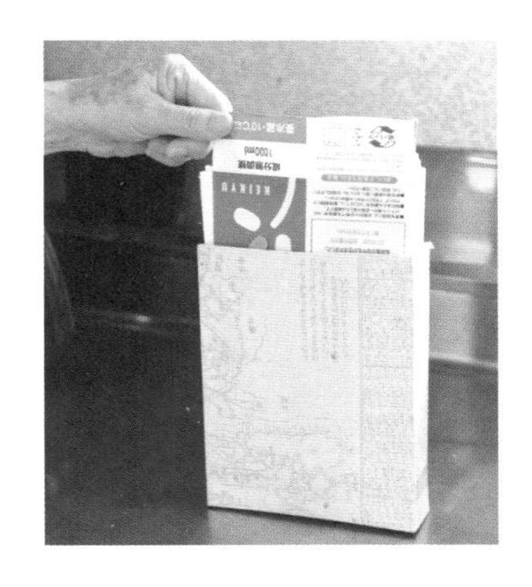

牛奶盒

切肉之类的时候，可以展开牛奶盒当一次性砧板用，这样能减少清洗的工作量。牛奶盒不加处理很难存放，裁成大小一致、便于使用的长方形,竖在盒子里保存就好。

厨房②

食材以“一目了然”的方式储备

从家的外观上来说，我不喜欢让零碎物件暴露在视线之中，所以从饭厅、客厅的桌子到厨房洗碗池边的台子上一律不摆东西。只要能遵循这一点，室内感觉就会相当清爽。为了体验来客的观感，我偶尔会坐到桌边平时不坐的位置上打量屋子。这样一来，就会明白“哇，能看到这里呢”，会发现必须整理一下的地方。请客人来家里，或许是保持房间干净整洁的好办法。

话虽如此，但到底还是日常一再保持最重要。房间时刻保持清爽，才能全面激发自己的干劲。若是厨房井井有条，用起来得心应手，即便到了傍晚有点疲倦，也能心情愉快地准备晚饭。跟各种家事都提前做好准备一样，整理也是为了让自己后面轻松而做的准备。

所以，做饭的过程中我也会兼顾清洗和收拾。手头在忙碌，大脑在思考接下来的步骤和安排，充分利用时间见缝插针地进行整理。就算推迟五分钟吃饭，我也要洗完做晚餐时用过的工具再坐下。

另外，东西靠近使用场所放置，也一直被我视为理所当然。例如，虽说是无关紧要的细枝末节，但在我家帽子是放在玄关处，内衣是收在浴室门前的抽屉里的，即便这些都是个人用品。可能也关乎房子的空间大小是否允许，不过忘掉的时候要回房间去拿很麻烦，所以我会优先安排。手帕、纸巾也放在玄关附近，方便外出时带走。

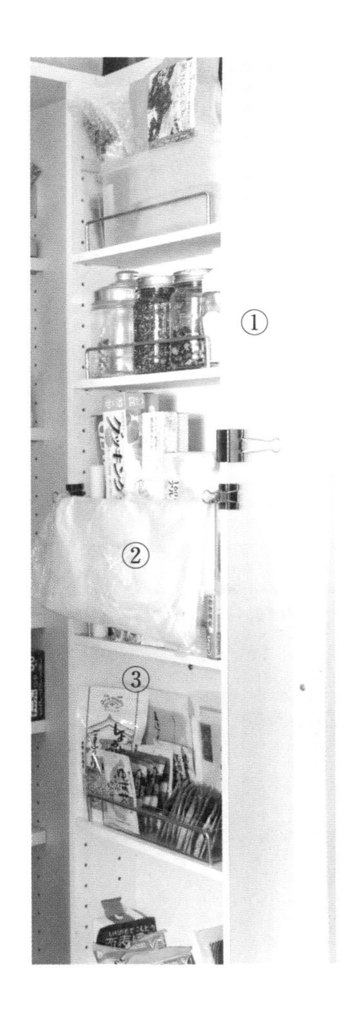

（右侧的门）

①装入储存罐中的黑米、杂粮混合米

②保鲜膜、保鲜袋等

③拌饭香松

（中央的架子，右侧）

④给孩子当点心的糖果

⑤茶饮类

⑥面粉、太白粉等

⑦封口保鲜袋（放在右侧门的保鲜膜等附近）

⑧装点心用的大碗，以及拆封的点心

⑨前面是海苔，后面是磨粉机等

（中央的架子，左侧）

⑩自制干货（柠檬草、姜片等）

⑪干燥香草、香料类

⑫咖喱用品、芝麻

⑬砂糖、盐

⑭常温保存的面包抹酱

⑮碾米机和热三明治机

⑯常用食谱书

（左侧的门）

⑰石花粉、黄豆粉、青海苔

⑱鲣鱼干

⑲蒜酥等

⑳奶酪粉、鸡汤料、法式高汤料

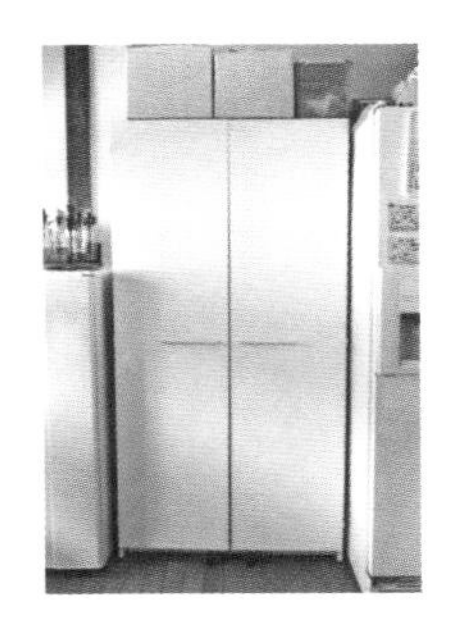

平时关着门，隐藏生活感。

客厅

“隐蔽型收纳”塑造整洁印象

客厅是家人休憩、客人来访的场所，尽量不要把杂物放在外面。摆上抽屉柜，收纳书、文件、衣服等各种物品。

茶具、筷架等饮食相关的小物件存放在客厅抽屉柜的上层。

下层的大抽屉里是我的衣服（我没有独立的房间，所以放客厅）。

本来柜子上是不放东西的，因为小孩们时常会想翻看自己的照片，于是把孙辈的相册放在上面，想看马上就能拿到。尽量摆放得整齐美观。

玄 关

个人物品也“按使用场所收纳”比较方便

帽子、骑自行车用的头盔等，在家不用的东西收进房间里存取不便，于是决定放在玄关。就算像我家现在这样没有步入式鞋柜，也可以安个架子，把去院子里、地里做事穿的外套挂在玄关处。

家里人口变多后，鞋柜的空间不够用了，摆了一只抽屉柜。头盔下面的箱子里放着客用拖鞋。

抽屉中排着孙辈的小鞋子、人字拖等不用细心保管的鞋类。抽屉的高度正合适，存取很方便。

专栏 · 家庭

我们家的这些年

第三电视台之家

我跟丈夫是在工作单位认识的。他从小在海边长大，个性活泼，见我父母时把自己从海里捞的小鲍鱼红烧了当礼物。一九七一年，我们在清里办了婚礼，蜜月想着“来一场漫无目的的旅行吧”，就从福井出发往新潟去。沿途也拜访了一些朋友，过了大概两星期，把钱花完就打道回府了。我们的婚后生活就从这样一次随心所欲的旅行开始。

然后，我们有了女儿、儿子，成了四口之家。当时我们过着循规蹈矩的日子，以至于被朋友戏称为“第三电视台之家”（第三电视台是那时的教育频道）。丈夫每天傍晚五点半能下班回到家，所以每天六点一过就全家一起吃晚饭。丈夫晚饭必喝酒，于是先端出可以下酒的菜。慢悠悠品完一轮，最后才上米饭、味噌汤和腌菜，孩子们也陪

着吃完。这用餐习惯到现在也没变。

虽说被称为“第三电视台之家”，但在家我们也有很多学习以外的东西想教给孩子，于是我总是对他们说：“功课妈妈不会教，你们在学校要好好学。”女儿升上六年级，如果要参加小升初的选拔考试，就到了该开始上补习班的时候。但问起女儿的意见，她却说讨厌补习班。身为父母，我们也不乐意孩子上补习班不能一起吃晚饭。那就干脆不参加考试，拿出事先存起来上补习班的钱，安排了暑假去美国的旅行。

这是我第一次出国旅行。正好圣地亚哥有亲近的人在，替我们办理购买受邀赴美的机票（这比在日本买票要便宜），也给我们许多行程方面的建议。对方说“让孩子们感受一下美国的辽阔吧”，建议我们租车旅行，从加州的圣地亚哥出发，途径亚利桑那的科罗拉多大峡谷，周游新墨西哥州、德克萨斯州，再返回圣地亚哥。途中，丈夫因为工作的关系先行回国，最后从洛杉矶回圣地亚哥的一段路由我开车。光凭一张地图就驱车载着孩子驶向终点，也是相当冒险。

由于这次经历，女儿提出“想去留学”，情况会如何发展有些难测。我们跟孩子约定初中三年先在日本好好学习，做到之后女儿如愿以偿，从高中起便去美国留学。儿子也受姐姐影响，念高中期间赴美。

孩子离家的时期

一眨眼，我就过了四十五岁，孩子们离开了家。没想到这么快又开始了夫妻两人的生活。一开始我也有点茫然若失，但渐渐地，我开始教人做菜，休息日我们跟另一对关系要好的夫妇一起去各种地方，这样形成了新的生活模式，冲淡了孩子们离家后的寂寥。

很快又过了五十岁，儿子回国。这下是丈夫离开家开始去新潟独住。丈夫到了退休年龄，结束了长年的工作生涯，吐露心声说，想体验一次此前的人生中从未有过的“独居生活”。碰巧有朋友在新潟的别墅空着，愿望迅速达成。

丈夫去新潟住之后，每个月大概有一周，他回叶山或是我去新潟。丈夫开始收拾别墅附带的一小块田地，向附近的农户求教，有样学样地种起菜来。他本来就是在海边玩着长大的人，很适合从大自然之中挖掘乐趣吧。

我虽说是跟儿子住在一起，但他已经是大人了，并不需要特别照顾，我也感觉是在独自生活。我得以全情投入烹饪教室的工作，学生变多，交游变广，每天都过得非常充实。

开始同住生活

往返于叶山和新潟之间的日子过了许久，我迈入六十岁。又过了一阵，之前住在美国的女儿带着家人一起回国了。两个孙辈当时一个两岁、一个三岁。要是同住，丈夫如果在家，我会比较轻松，于是他从新潟回来，我们跟女儿一家开始了六个人同住的生活。住在附近的儿子和儿媳

老屋的柱子上留着孩子及孙辈量身高的记录。

也生了孩子，我们的日子突然变得很热闹。

对孙辈我们多少会有点宠爱，但生活中想教给他们的东西跟从前养孩子时并无多大变化。端上桌的菜就算不爱吃也至少得尝一口，在家各有负责的工作，做完作业才能玩，等等，都没有变。

口味上的好恶虽说是没办法的事，但完全避开不碰的

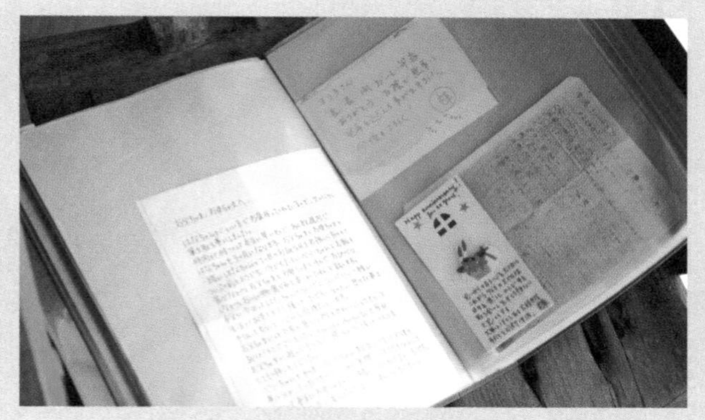

家人的信保存在文件夹中。丈夫退休时写给我的信也在这里。

话，就会变成真的不能吃。味觉不断在变，为了不完全放弃改变的可能，我会念叨“就吃一口吧”给他们盛上一点。

所谓负责的工作也就是帮忙做家务。比方说小学低年级的时候，把晚饭剩下的食物装进储存容器和早上叠被子是外孙的工作。孩子们自己的衣服洗好后，折叠是外孙女的工作。一开始他们做得不够好，我从旁辅助也很费劲，远不如自己做来得快，但我会使劲忍住。过了这个阶段，养成习惯，孙辈就会自觉做好。说成是“工作”感觉比“帮忙”更郑重，让孩子们觉得这是他们的工作，更能培养责任心，促进成长。

作业要先做完，是因为我自己的座右铭就是凡事要做在前面，所以也希望孩子们能了解那种愉快感。作业做完之后，住在附近的孩子们就在我家进进出出，快活地玩耍。现在小朋友的名字五花八门，我会把孙辈朋友的名字以及他们之间的手足关系等记在纸上贴到冰箱上，直到记清楚为止。

日常的幸福

我的烹饪教室因为跟女儿一家同住而歇业，但过了一阵子有人找我办讲座，我于是有幸接触到与此前不同的人群，体验着交际面的扩大。丈夫那边，继新潟之后又在叶山租了一块地，埋头耕种。每天上午，丈夫忙地里的活，我忙家里的事。中午都在家也不一起吃饭，按自己的步调分头行事。下午，丈夫会出去散步，我则迎接孙辈回家之类的。东忙西忙，一天一会儿就过去了。

大概因为丈夫是本地长大的，他有很多一起玩的朋友。从小学到高中的旧友，以前的同事等，他好像跟许多人保持着来往。他跟朋友们制定年度计划，赶海、钓鱼、挖竹笋、采蘑菇等，召集享受四时收获的集会。我就在家坐享其成。托丈夫的福，我家的餐桌四季时鲜不断。

丈夫这样的人还在退休时郑重其事地给我写了一封信。里面除了致谢之辞外，还有一张字条，那是我三十多岁时第一次独自带儿子出门旅行前，写给留守家中的丈夫的留言。我做梦也没想到丈夫会留着这字条，真的很开心，这回我也要把丈夫的信好好保存起来。永远不要忘记那时的感情，我想丈夫的信里包含着这样的意味。

我家住的独栋老屋很有年头，开始同住之后，我们设法安排了不多的几个房间，在写作本书的此刻，房子正在改建。未来的新居，儿子一家也会搬来住。我感恩能与家人一起生活的幸福，期待着春天开启更加热闹的三代九人的共同生活。

简单食谱

享受应季食材的菜肴

新土豆

黄油煎新土豆（4人份）

1 新土豆400g(8～10个)连皮洗净，蒸熟后切成1.5cm厚。

2 荷兰豆100g稍焯一下。

3 平底锅开中火，加入一大匙黄油、一瓣大蒜（切成末或薄片），加入土豆，两面煎黄。

4 把土豆拨到旁边，在中间空出的位置上快炒一下荷兰豆，跟土豆混在一起，用盐、胡椒调味。

/ 土豆、黄油、大蒜是经典组合。

春季卷心菜

水煮春季卷心菜（4人份）

1 将1个春季卷心菜纵向切成4等分，切除些许芯部，不要让叶片散开。4份依次放入足量滚水中焯20秒。

2 12条薄培根片对半切开（即得24片）。

3 依次将6片培根夹入1份卷心菜的菜叶中，在卷心菜上放一片香叶，用牙签固定它们。

4 将3摆入厚实的锅中，注入1.5cm水，开中火。煮开后关小火，加上锅中盖，静煮20分钟左右。

5 卷心菜的甜味煮出来后，加入一撮盐，再煮15分钟。最后尝一尝，若味道不足再加盐调整。

/ 不用高汤等，借助食材的本味，成品就足够美味。

油菜花

芝麻拌油菜花（4 人份）

1 油菜花一束，加盐煮至保留脆嫩口感的程度。放入凉水冷却，沥干水分后，切成 5cm 长。

2 在大碗中加入芝麻酱 2 大匙、酱油 1 大匙、砂糖 1 小匙搅拌，加入油菜花拌匀。

/ 诀窍是油菜花不要煮过头。

各种蔬菜

米糠腌菜（便于制作的分量）

1 在锅中加入 5 杯水、120g 盐，开火。待盐完全溶解后熄火，放凉。

2 在容器中加入 1kg 炒过的熟米糠、红辣椒 3 根、海带 20cm、青山椒 1 大匙和 1，充分搅匀。

3 起初先加入含水分较多的废弃蔬菜（不要的菜叶、萝卜叶等），每天更换蔬菜，并趁机充分搅拌。

4 约 10 天后培养出有风味的米糠腌床（米糠腌床养成之后，即可加入洗净并擦干的蔬菜进行腌渍。时间大体为春秋季 1 天，夏季½天，冬季 2 ～ 3 天）。

/ 米糠腌床变得太酸时，加入 1 大匙黄芥末粉搅匀。

毛豆

蒸毛豆（便于制作的分量）

1 取毛豆一袋，将与茎相连的一端切去5mm左右。水洗之后，撒适量盐揉搓（去掉毛豆的绒毛）。

2 在可以无水烹调的锅里加入毛豆、½杯水，用中火蒸5～6分钟。

3 用笊篱捞出，尝味道，若味道不足则撒盐调味。

/ 毛豆蒸比煮更美味。没有无水锅也可以用蒸锅蒸。

玉米

玉米饭（6人份）

1 洗3杯（量米杯为180ml。）米用笊篱沥水，在笊篱上放置30分钟左右充分去水。

2 将一根玉米对半切开，切口朝下，以稳定的状态削下玉米粒。

3 将1与玉米、1小匙盐、1大匙酒混合，以正常煮饭的水量煮熟。

/ 甜甜的玉米饭是孩子们的最爱。

番茄、黄瓜

和风泡菜（便于制作的分量）

1 在锅中加入日式高汤2杯、醋⅔杯、砂糖2大匙，开火。煮沸后关火，散去烫手的热度。

2 在保存容器中加入2根黄瓜（按自己喜欢的方式切好）、10～15个迷你番茄，注入1的泡菜水。冷藏保存1天以上即可享用。

/ 醋可以按喜好减少一些。冷藏保存，1周左右吃完。迷你番茄用热水烫后去皮会更美味。蔬菜也推荐西芹、胡萝卜、芜菁等。

番薯

番薯沙拉（4 ~ 5 人份）

1 番薯 1 个连皮蒸熟后，切成 1cm 宽容易入口的大小。

2 在大碗中加入 2～3 大匙蛋黄酱、1 大匙颗粒芥末酱、¼ 个洋葱份量的洋葱末，和番薯一起拌匀。

莲藕

金平风味炒莲藕（4 人份）

1 将一节藕切成 4～5cm 长、5mm 宽的长条形。胡萝卜一根同样切法。

2 向平底锅中倒入适量麻油，加入 1 炒至发软。

3 加入酒、味淋各 1 大匙、酱油 2 大匙，把酱汁炒均。

/ 要点是将藕纵切成长条，会有与切圆片不同的口感。

菌菇

焖煮菌菇（便于制作的分量）

1 鲜香菇、蟹味菇、杏鲍菇切成大体相同的长度，拆成 1cm 宽（分量为 2 包）。

2 在厚实的锅中加入 1½ 杯酒，加热让酒精挥发。

3 再加入 1½ 杯水、1 根红辣椒、1 小匙盐搅拌，沸腾后加入菌菇快速搅拌一下，盖上盖子焖煮 7～8 分钟，不时搅拌。

/ 可用作菜饭、辣味蒜油意面的配料或沙拉、豆腐的浇头。装入清洁的瓶中可冷藏保存 1 周左右。

芜菁

香煎芜菁（4 人份）

1 芜菁 4 个，切去大部分叶子，留取少许。连皮切成 1cm 厚。

2 在平底锅中加入 2 大匙橄榄油，开大火，加入芜菁，将两面煎至充分上色。

3 装盘，撒上适量盐、胡椒。

/ 芜菁中心呈半生状态比较美味。

萝卜

佃煮萝卜叶

1 将萝卜叶充分洗净，剁碎，加盐稍焯一下。用笊篱沥水，散去烫手的热度后，挤干水分。

2 在平底锅中加沙拉油，放入萝卜叶炒。适量添加酒、味淋、酱油，将水分炒干。

3 加入适量鲣鱼干刨花搅匀。

/ 按喜好加入小杂鱼等更美味。

胡萝卜

法式胡萝卜沙拉（便于制作的分量）

1 胡萝卜 2 根用削皮器等擦成细丝，撒上少许盐，胡萝卜丝蔫软之后挤去水分。

2 在大碗中加入 5 大匙醋、3 大匙橄榄油、1 大匙蜂蜜（或砂糖）、少许盐、胡椒，充分搅拌，加入胡萝卜丝，让味道均匀融合。

/ 可按喜好加入核桃、柚子、黄芥末等。

拓展食谱

本书图片中的菜肴 &

所介绍食谱的变化版

油豆腐（P32）

白酱拌油豆腐（4 人份）

1 西兰花¼个切成一口大小，加盐煮熟后沥干水分。

2 将一大片油豆腐在开水里快速过一下，去油，用手粗粗撕开。

3 充分搅拌白芝麻酱 1 大匙和蛋黄酱 1 大匙，闻到香味后，加入酱油1½大匙、砂糖½大匙，继续搅匀。

4 将西兰花、油豆腐、酱料和适量泡发焯熟的黑木耳拌在一起，装盘。

/ 可用蟹味菇代替黑木耳。

石花菜（P30）

石花冻（900 ~ 1000ml 容器的分量）

1 20g 石花菜充分洗净。

2 在大锅中加水 1L、石花菜、醋½大匙，开大火。煮沸后转小火煮约 1 小时，注意不要溢锅（不时搅拌，让石花菜不要沉底）。

3 经布巾（或纱布）过滤，倒入容器，在常温下凝固。

/ 凝固后的石花冻浸入水中冷藏保存。3 天换 1 次水约可保存 1 个月。

心天面状石花冻

1 将石花冻切成细长条（4 ～ 5㎜宽）。装碗，加入适量醋、酱油、海苔，视喜好加芥末。

/ 一道健康的点心，没有将石花冻压成细长条的道具也能做。

茄子、青椒（P60）

梅子味噌炒青椒茄子（4～5人份）

1 茄子4～5根切成略大的滚刀块，抹上少许盐，放置5分钟。出水后用厨房用纸擦干。

2 青椒3～4个竖着对半切开，去籽去蒂，切成一口大小。

3 适量培根切成2cm宽。

4 平底锅中加少许油，稍炒培根。加入茄子、青椒炒熟。加入2大匙梅子味噌拌炒均匀。

梅干（P69）

夏天的梅子饭团

1 煮饭时，每杯米加入一颗梅干来煮。

2 饭煮熟后搅拌，将梅干打散去核。

3 做饭团。

/ 煮饭时加入梅干比煮完后加入更能发挥防腐功效。

黄油面团（P154）

用黄油面团做咖喱（4～5人份）

1 洋葱2个竖着对半切开，切成薄片。

2 土豆3个切成一口大小，经水漂洗后用笊篱沥干（泡在水里会不容易煮烂）。

3 胡萝卜1根切成较小的滚刀块。

4 猪肉400g切成一口大小，撒上适量盐、胡椒、咖喱粉，抓匀。

5 取平底锅加入适量黄油与洋葱，用小火慢慢炒成透明的米黄色。

6 取平底锅加入少许色拉油，放入肉，两面煎一煎。

7 把洋葱、肉及4杯水放入锅中，开中火，将肉煮软。

8 加入快速炒过的胡萝卜和土豆，煮软。

9 加入适量黄油面团（以1杯水对

约 20g 为准）增稠，用咖喱粉、盐、胡椒等调味。

年菜（P118）

醋炒杂菜（便于制作的分量）

1 萝卜 200g、胡萝卜 100g 切成略宽的丝。莲藕 150g 切成四分之一圆薄片，干香菇 4 ～ 5 朵泡发切丝，一片大油豆腐对半切开，再切成 5mm 宽。

2 取醋 ½ 杯、砂糖 1½ 大匙、盐 ½ 小匙、薄盐酱油 ½ 杯混合成为三杯醋（一种日本调味料复合成的醋）。

3 在锅中烧热 2 大匙沙拉油，加入萝卜、胡萝卜、莲藕炒至带透明感，加入香菇、油豆腐炒至油分均匀融合。

4 以画圈的方式倒入三杯醋，煮沸后即熄火。加入适量柚子皮细丝、粗碾白芝麻 1 大匙。

黑豆（便于制作的分量）

1 在厚实的锅中加入水 10 杯、砂糖 230g、酱油 2 大匙、盐 ½ 小匙、小苏打 2 大匙，煮沸后即放凉。

/ 若加入生锈的钉子能令成品更黑。

2 将 250g 黑豆洗后放入 1 中浸泡一晚。

3 中火煮开后转小火，撇去浮沫，煮约 3 小时至豆软。

4 在汤汁里放凉入味。

甜鱼干（便于制作的分量）

1 在平底锅中铺上烘焙用纸。加入 50g 沙丁鱼干，开小火，不时搅动，煎至微有焦色酥脆的程度（约 15 ～ 20 分钟）。将沙丁鱼干放到网架上晾凉。

2 在锅中加入混合调味料（砂糖 3 大匙、酱油 2 大匙、味淋 1 大匙、水 2 大匙）。中火煮开，煮至气泡细密、汁液黏稠，熄火。

3 立即将 1 的沙丁鱼干放入 2 的酱汁中，直接从下往上搅拌均匀。

4 在平底方盘中铺上烘焙用纸，将沙丁鱼干移到上面，摊开放凉。

炸藕盒（4 ~ 5 人份）

1 莲藕 450g 去皮，切成 5 ～ 6mm 厚的圆片。

2 虾仁用刀背拍散，剁成泥。

3 在大碗中加入 1 个蛋白、1 小匙酒、⅓小匙盐、2 的虾仁，充分搅拌至上劲。

4 在藕的两面撒上太白粉，两片藕之间夹入 3。

5 在平底锅中注入 2cm 油，煎炸藕盒。

筑前煮（便于制作的分量）

1 鸡腿肉（300g）切成 3cm 的丁，用酒、酱油各 1 大匙抓匀入味。

2 泡发 8 小朵干香菇。

3 魔芋 1 块切成一口大小，预先焯水。

4 牛蒡 1 根连皮洗净，莲藕 1 小节去皮，胡萝卜 1 根、水煮竹笋中等的 1 根，全部滚刀切。

5 锅中烧热适量油，加入 1 的鸡肉翻炒，表面变白后加入 2 ～ 4。

6 加入日式高汤 1 杯、酒 3 大匙、砂糖 2 大匙、味淋 2 大匙、薄盐酱油 3 大匙，加上锅中盖，煮至汤汁基本收干。

7 装入食器，适当装点煮熟的荷兰豆。

照烧鸡翅（便于制作的分量）

1 鸡翅洗净，去除水分。

2 将 1 的鸡翅放入冷面酱汁中浸泡 20 ～ 30 分钟。

3 放入烤鱼机中，单面烤 10 分钟，翻面再烤 10 分钟，烤到成色恰好。

/ 2 的冷面酱汁推荐采用 p159 的做法。

后记

不可辜负的幸福人生

你感到幸福吗？

我总觉得，幸福其实一直就在身边，取决于自己是否能感受得到。

每天总有五次，我会试图留意身边的幸福。

天气好是幸福，晾晒的衣物干得彻底是幸福，跟很久没联络的朋友通话是幸福……

这么一来，就会养成用心感受幸福的好习惯。

只有自己怀抱幸福的心情，才能把幸福播撒给身边的人，所以我们的内心状态至关重要。

与其凡事追求完美，勉力为之，不如放轻松，下点小功夫，花点小心思，再倾注浓浓的爱意，就能把家收拾得舒适宜人。

日本四季分明，通过撷取四时的馈赠，我们得以享受富于自然生趣的生活。

不必殚精竭虑，思来想去，只要用心感受，动

起手来，就能过上非常充实的日子。

我希望向年轻朋友们传达这种普通生活的可贵之处，因而编撰本书。

孩子还小的时候，可能时常会有意料之外的情况发生，无法按预定设想行事。但换个角度想一想，这样的宝贵时光是非常难得的，我还是希望大家能充分感受到蕴含其中的幸福。

在此衷心祝愿大家的生活幸福美满。

图书在版编目（CIP）数据

永续美好生活：享受四季欢愉的料理持家术 /（日）坂井顺子著；吕凌燕译．—北京：北京时代华文书局，2019.7（2023.5 重印）

（原点·家事生活美学系列 / 陈丽杰主编）

ISBN 978-7-5699-3075-7

Ⅰ．①永… Ⅱ．①坂… ②吕… Ⅲ．①菜谱—日本 Ⅳ．①TS972.183.13

中国版本图书馆 CIP 数据核字（2019）第 109201 号

北京市版权局著作权合同登记号 图字：01-2018-7397

UKETSUGU KURASHI YORIKO-SHIKI SHIKI O TANOSHIMU IE SHIGOTO
By Yoriko SAKAI
Copyright©2015 Yoriko SAKAI
All rights reserved.
Originally published in Japan by GIJUTSU HYOHRON CO., LTD, Tokyo.
Chinese(in simplified character only) translation rights arranged with
GIJUTSU HYOHRON CO., LTD, Japan
through THE SAKAI AGENCY and BARDON-CHINESE MEDIA AGENCY.

永续美好生活：享受四季欢愉的料理持家术

YONGXU MEIHAO SHENGHUO: XIANGSHOU SIJI HUANYU DE LIAOLI CHIJIASHU

著　　者 | （日）坂井顺子
译　　者 | 吕凌燕

出 版 人 | 陈　涛
图书监制 | 陈丽杰工作室
选题策划 | 陈丽杰　仇云卉
责任编辑 | 陈丽杰
执行编辑 | 仇云卉
装帧设计 | 孙丽莉
责任印制 | 訾　敬

出版发行 | 北京时代华文书局 http://www.bjsdsj.com.cn
北京市东城区安定门外大街 138 号皇城国际大厦 A 座 8 层
邮编：100011　电话：010-64263661　64261528
印　　刷 | 三河市嘉科万达彩色印刷有限公司　0316-3156777
（如发现印装质量问题，请与印刷厂联系调换）
开　　本 | 880 mm×1230 mm　1/32　印　　张 | 6.5　字　　数 | 96 千字
版　　次 | 2019 年 10 月第 1 版　印　　次 | 2023 年 5 月第 7 次印刷
书　　号 | ISBN 978-7-5699-3075-7
定　　价 | 49.00 元

版权所有，侵权必究

永续美好生活

享受四季欢愉的料理持家术